Spark Streaming
实时流式大数据处理实战

肖力涛◎编著

机械工业出版社
China Machine Press

图书在版编目（CIP）数据

Spark Streaming实时流式大数据处理实战 / 肖力涛编著. —北京：机械工业出版社，2019.4（2022.7重印）

ISBN 978-7-111-62432-5

Ⅰ. S… Ⅱ. 肖… Ⅲ. 数据处理软件 Ⅳ.TP274

中国版本图书馆CIP数据核字（2019）第064983号

本书以透彻的原理分析和充实的实例代码详解，全面阐述了Spark Streaming流式处理平台的相关知识，能够让读者快速掌握如何搭建Spark平台，然后在此基础上学习流式处理框架，并动手实践进行Spark Streaming流式应用的开发，包括与主流平台框架的对接应用，以及项目实战中的一些开发和调优策略等。

本书共10章，分为3篇。第1篇为Spark基础，主要阐述了Spark的基本原理、平台搭建及实例应用；第2篇为Spark Streaming详解，阐述了Spark Streaming的基本原理，并重点介绍了Spark Streaming与Kafka、ZooKeeper、MySQL、HBase和Redis的配合使用、相关调优策略及实际应用；第3篇为Spark Streaming案例实战，主要介绍了实时词频统计处理、用户行为统计和监控报警系统3个实战案例，帮助读者进行实战演练，提升读者的实际项目开发水平。另外，本书附录还对Scala语言基础做了简要讲解。

本书内容理论结合实战，特别适合大数据技术爱好者及相关从业人员阅读，也可作为他们的常备工具书使用。另外，本书也适合作为大数据培训机构及高校相关专业的教材使用。

Spark Streaming 实时流式大数据处理实战

出版发行：	机械工业出版社（北京市西城区百万庄大街22号 邮政编码：100037）		
责任编辑：	欧振旭　李华君	责任校对：	姚志娟
印　　刷：	北京捷迅佳彩印刷有限公司	版　　次：	2022年7月第1版第4次印刷
开　　本：	186mm×240mm　1/16	印　　张：	15.5
书　　号：	ISBN 978-7-111-62432-5	定　　价：	69.00元

凡购本书，如有缺页、倒页、脱页，由本社发行部调换

客服热线：（010）88379426　88361066　　　　投稿热线：（010）88379604

购书热线：（010）68326294　　　　　　　　　　读者信箱：hzjsj@hzbook.com

版权所有・侵权必究
封底无防伪标均为盗版

前言

为什么要写这本书？

对于计算机从业人员和在校大学生而言，多少都会接触到数据处理，如简单的信息管理系统和利用关系型数据库设计的存储系统等，这类系统通常涉及的数据量比较小。而随着互联网的发展，企业内部的数据量也呈现爆炸式增长，随之而来的大数据处理就会是一件非常棘手的事情。所以近年来随着大数据概念的火爆，也涌现出了越来越多的大数据处理平台，如 Hadoop、Hive、HBase、Flume、Kafka、Storm 和 Spark 等，让人眼花缭乱。开发人员需要针对具体的场景和任务特点，选择合适的工具，将它们组合起来以完成任务。

本书围绕大数据处理领域应用最广泛的 Spark 平台展开讲解，并对时下比较热门的大数据平台都有所介绍，以此为基础重点切入流式大数据处理这个比较垂直和常用的领域，对 Spark Streaming、Kafka 和 ZooKeeper 等大数据处理工具进行介绍，并给出多个实战案例，让读者能够从零到一学习如何构建一个大数据处理任务，掌握如何选择合适的处理工具，以及学习编程中一些常见的技巧。

本书特色

1．内容丰富，讲解详细

本书对大数据的相关知识体系做了详细阐述，并对 Spark 平台和 Spark Streaming 及其涉及的大数据平台做了重点阐述，以方便读者掌握常用的大数据架构平台。

2．原理分析与应用实践并重

本书对涉及的知识点详细地阐述了其背后的基本原理，并给出了大量的应用实践，便于读者更加透彻地理解所学知识，从而在调优和排查问题等具体实践时更加得心应手。

3．详解大量的应用实例和实战案例

本书中的每个章节都安排了实例，以方便读者动手演练。另外，第 8~10 章还给出了 3 个实战案例，以帮助读者提高实际的项目开发水平。这些案例改写自笔者和同事在工作

中的真实应用案例，有较高的实用价值，读者在实践中可以进行借鉴。

4．提供详细的源代码

笔者对书中涉及的所有源代码都进行了整理并开源，供读者下载使用。读者可以对这些代码稍加修改，即可用于自己的项目中。

本书内容

第1篇　Spark基础（第1~3章）

本篇重点围绕 Spark 平台进行讲解，并具体就如何搭建一个自己的 Spark 集群进行了详细介绍，为后面的实战演练打下基础。

第 1 章初识 Spark，从 Spark 的历史发展出发，重点介绍了流式处理任务，对比了不同流式处理框架，并介绍了 Spark Streaming 的特点。

第 2 章 Spark 运行与开发环境，主要介绍了如何搭建 Spark 集群，以及如何从零到一开始开发 Spark 应用程序，最后对从文件中进行词频统计的 Spark 应用做了介绍。

第 3 章 Spark 编程模型，对 Spark 的核心编程模型做了详细讲解，这对于开发 Spark 应用及 Spark Streaming 应用优化来说都是必要的。另外，本章还对 RDD 的各种操作做了讲解。

第2篇　Spark Streaming详解（第4~7章）

本篇重点阐述了 Spark Streaming 的编程模型和特点，并将一些常用的大数据平台与 Spark Streaming 相结合进行讲解，最后对 Spark Streaming 应用中常见的调优实践进行了总结。

第 4 章 Spark Streaming 编程模型及原理，着重介绍了 Spark Streaming 的运行原理，并且讲解了 Spark Streaming 应用开发的必要知识，最后以 Spark Streaming 接收网络输入流并进行词频统计进行实例演练。

第 5 章 Spark Streaming 与 Kafka，重点介绍了 Spark Streaming 与 Kafka 配合使用的相关知识点，并介绍了在部署时常见的 ZooKeeper 平台，最后利用 Kafka 作为 Spark Streaming 的输入源进行分析操作。

第 6 章 Spark Streaming 与外部存储介质，主要介绍了流式处理任务中如何将处理结果输出到外部存储介质等相关知识。本章就一些常用的数据库与 Spark Streaming 结合进行讲解，最后结合日志分析实例，将日志文件分析后输出到 MySQL 中，可以让读者了解整个流程。

第 7 章 Spark Streaming 调优实践，介绍了在实际生产中如何根据具体的数据量和任务情况对 Spark Streaming 进行优化修改，并且以一个具体的项目调优实例讲解调优的分析过程。

第3篇 Spark Streaming案例实战（第8~10章）

经过前两篇的学习，读者应该已经掌握了 Spark 和 Spark Streaming 的基本原理及开发技术。本篇在此基础上进行实战演练，带领读者完成 3 个大数据项目实战案例。

第 8 章实时词频统计处理系统实战，针对文本数据常见的流式处理任务，通过一个实战案例，对词频统计从设计、实现到部署的相关知识进行了详细讲解。

第 9 章用户行为统计实战，通过一个实战案例，介绍了在广告行为分析和推荐系统中如何对用户行为进行统计分析。

第 10 章监控报警系统实战，对监控报警系统提出了一种架构上的设计思路，即以 Kafka 为数据总线串联，利用爬虫技术爬取数据，再用 Spark Streaming 进行过滤处理和后续的归纳汇总报警。

附录 A Scala 语言基础，对本书在讲解时所采用的 Spark 源生语言 Scala 的基础知识做了简单讲解，用于帮助对 Scala 还不是很熟悉的读者。

本书读者对象

阅读本书需要读者有一定的编程经验，建议读者最好对 Java 和 C++等面向对象编程语言有一定的了解。具体而言，本书主要适合以下读者阅读：
- 有一定编程基础的 Spark 初学者；
- 了解 Spark，想进一步使用 Spark Streaming 的从业人员；
- 流式大数据处理程序员；
- 对 Spark 和 Spark Streaming 感兴趣的程序员；
- 高校相关专业的学生；
- 大数据技术培训机构的学员。

本书阅读建议

- 基础相对薄弱的读者，可以先从附录开始了解 Scala 语言的特性，然后从第 1 章顺次阅读本书。
- Java 基础良好的读者可以直接顺次阅读本书，阅读中涉及的 Scala 语言特性可在附录中查阅。
- 对 Spark 有所了解的读者可以直接从本书第 2 篇开始阅读，即从本书第 4 章开始阅读。
- 对 Spark 及 Spark Streaming 比较熟悉的读者，可以直接动手演练本书第 3 篇中的 3 个实战案例。

- 学习时一定要亲自动手编写代码进行实践，再结合实际场景才能更好地掌握相关技术。

本书配套资源

本书涉及的所有源代码都已经开源并提供在了GitHub上，读者可以根据自己的需要进行下载，下载地址为 https://github.com/xlturing/spark-streaming-action。另外，读者也可以在机械工业出版社华章分社的网站（www.hzbook.com）上搜索到本书，然后单击"资料下载"按钮，即可在本书页面上找到"源代码"链接进行下载。

读者反馈

由于笔者水平所限，书中可能还存在一些疏漏，敬请读者指正，笔者会及时进行调整和修改。联系我们可通过电子邮箱 litaoxiao@gmail.com 或 hzbook2017@163.com。笔者会将一些反馈信息整理在博客中（http://www.cnblogs.com/xlturing）。另外也欢迎读者关注笔者的微信公众号 pang tao1027/互联网技术猿，笔者会定期分享一些技术文章。

致谢

感谢洪福兴在第9章内容上给予笔者的宝贵意见！
感谢在腾讯工作期间，辛愿、李铮、刘绩刚和方亮等人给予笔者的指导与帮助！
感谢本书编辑在本书出版过程中给予笔者的大力支持与帮助！
最后感谢我的家人在写书上给予我的理解与支持，在遇到挫折和困难时，我的家人都坚定地支持着我。爱你们！

肖力涛

目录

前言

第1篇　Spark 基础

第1章　初识 Spark ... 2
- 1.1　Spark 由来 ... 3
- 1.2　流式处理与 Spark Streaming ... 5
  - 1.2.1　流式处理框架 ... 5
  - 1.2.2　Spark Streaming 初识 ... 7
  - 1.2.3　Structed Streaming 简述 ... 8
- 1.3　本章小结 ... 8

第2章　Spark 运行与开发环境 ... 9
- 2.1　Spark 的下载与安装 ... 9
- 2.2　Spark 运行模式 ... 10
  - 2.2.1　本地模式 ... 13
  - 2.2.2　本地集群模式 ... 13
  - 2.2.3　Standalone 模式 ... 14
  - 2.2.4　Spark On Yarn 模式 ... 15
  - 2.2.5　Spark On Mesos 模式 ... 15
- 2.3　搭建开发环境 ... 15
  - 2.3.1　修改配置 ... 16
  - 2.3.2　启动集群 ... 18
  - 2.3.3　IDE 配置 ... 20
  - 2.3.4　UI 监控界面 ... 24
- 2.4　实例——Spark 文件词频统计 ... 28
- 2.5　本章小结 ... 35

第3章　Spark 编程模型 ... 36
- 3.1　RDD 概述 ... 36

3.2	RDD 存储结构	37
3.3	RDD 操作	38
	3.3.1 Transformation 操作	38
	3.3.2 Action 操作	41
3.4	RDD 间的依赖方式	42
	3.4.1 窄依赖（Narrow Dependency）	42
	3.4.2 Shuffle 依赖（宽依赖 Wide Dependency）	43
3.5	从 RDD 看集群调度	45
3.6	RDD 持久化（Cachinng/Persistence）	46
3.7	共享变量	47
	3.7.1 累加器（Accumulator）	48
	3.7.2 广播变量（Broadcast Variables）	50
3.8	实例——Spark RDD 操作	51
3.9	本章小结	56

第 2 篇　Spark Streaming 详解

第 4 章　Spark Streaming 编程模型及原理　58

4.1	DStream 数据结构	58
4.2	DStream 操作	59
	4.2.1 DStream Transformation 操作	59
	4.2.2 DStream 输出操作	63
4.3	Spark Streaming 初始化及输入源	63
	4.3.1 初始化流式上下文（StreamingContext）	63
	4.3.2 输入源及接收器（Receivers）	64
4.4	持久化、Checkpointing 和共享变量	65
	4.4.1 DStream 持久化（Caching/Persistence）	65
	4.4.2 Checkpointing 操作	66
4.5	实例——Spark Streaming 流式词频统计	69
4.6	本章小结	73

第 5 章　Spark Streaming 与 Kafka　75

5.1	ZooKeeper 简介	75
	5.1.1 相关概念	75
	5.1.2 ZooKeeper 部署	77
5.2	Kafka 简介	79
	5.2.1 相关术语	80

	5.2.2 Kafka 运行机制	81
	5.2.3 Kafka 部署	83
	5.2.4 简单样例	85
5.3	Spark Streaming 接收 Kafka 数据	86
	5.3.1 基于 Receiver 的方式	87
	5.3.2 直接读取的方式	88
5.4	Spark Streaming 向 Kafka 中写入数据	90
5.5	实例——Spark Streaming 分析 Kafka 数据	92
5.6	本章小结	101

第 6 章 Spark Streaming 与外部存储介质 · 102

6.1	将 DStream 输出到文件中	102
6.2	使用 foreachRDD 设计模式	105
6.3	将 DStream 输出到 MySQL 中	106
	6.3.1 MySQL 概述	107
	6.3.2 MySQL 通用连接类	107
	6.3.3 MySQL 输出操作	108
6.4	将 DStream 输出到 HBase 中	109
	6.4.1 HBase 概述	109
	6.4.2 HBase 通用连接类	110
	6.4.3 HBase 输出操作	111
	6.4.4 "填坑"记录	112
6.5	将 DStream 数据输出到 Redis 中	112
	6.5.1 Redis 安装	112
	6.5.2 Redis 概述	113
	6.5.3 Redis 通用连接类	113
	6.5.4 输出 Redis 操作	115
6.6	实例——日志分析	115
6.7	本章小结	122

第 7 章 Spark Streaming 调优实践 · 124

7.1	数据序列化	124
7.2	广播大变量	126
7.3	数据处理和接收时的并行度	127
7.4	设置合理的批处理间隔	128
7.5	内存优化	128
	7.5.1 内存管理	129
	7.5.2 优化策略	130
	7.5.3 垃圾回收（GC）优化	131

  7.5.4 Spark Streaming 内存优化 ·········· 132
 7.6 实例——项目实战中的调优示例 ·········· 133
  7.6.1 合理的批处理时间（batchDuration） ·········· 133
  7.6.2 合理的 Kafka 拉取量（maxRatePerPartition 参数设置） ·········· 134
  7.6.3 缓存反复使用的 Dstream（RDD） ·········· 135
  7.6.4 其他一些优化策略 ·········· 135
  7.6.5 结果 ·········· 136
 7.7 本章小结 ·········· 138

第 3 篇　Spark Streaming 案例实战

第 8 章　实时词频统计处理系统实战 ·········· 140
 8.1 背景与设计 ·········· 140
 8.2 代码实现 ·········· 142
  8.2.1 数据生成器 ·········· 142
  8.2.2 分词服务 ·········· 146
  8.2.3 流式词频统计 ·········· 147
 8.3 环境配置与运行 ·········· 158
  8.3.1 相关服务启动 ·········· 158
  8.3.2 查看结果 ·········· 160
 8.4 本章小结 ·········· 163

第 9 章　用户行为统计实战 ·········· 164
 9.1 背景与设计 ·········· 164
  9.1.1 不同状态的保存方式 ·········· 164
  9.1.2 State 设计 ·········· 166
  9.1.3 Redis 存储 ·········· 167
 9.2 代码实现 ·········· 167
  9.2.1 数据生成器 ·········· 167
  9.2.2 用户行为统计 ·········· 168
 9.3 环境配置与运行 ·········· 172
  9.3.1 相关服务启动 ·········· 172
  9.3.2 查看结果 ·········· 173
 9.4 本章小结 ·········· 175

第 10 章　监控报警系统实战 ·········· 177
 10.1 背景与设计 ·········· 177
 10.2 代码实现 ·········· 179

		10.2.1	简易爬虫子项目	179
		10.2.2	流式处理子项目	184
		10.2.3	归纳统计子项目	191
		10.2.4	数据表情况	199
	10.3	环境配置与查看		200
		10.3.1	启动各个模块	200
		10.3.2	查看结果	200
	10.4	本章小结		203

附录 A Scala 语言基础 ·············· 204

- A.1 安装及环境配置 ············· 204
  - A.1.1 安装 Scala ············· 204
  - A.1.2 开发环境配置 ·········· 205
- A.2 Scala 语法独特性 ············ 206
  - A.2.1 换行符 ················· 207
  - A.2.2 统一类型 ··············· 207
  - A.2.3 Scala 变量 ············· 208
  - A.2.4 条件和循环语句 ········ 209
  - A.2.5 函数和方法 ············ 210
  - A.2.6 特质、单例和样例类 ··· 213
- A.3 Scala 集合 ··················· 215
  - A.3.1 集合框架 ··············· 216
  - A.3.2 核心特质（Trait） ····· 219
  - A.3.3 常用的不可变集合类 ··· 222
  - A.3.4 常用的可变集合类 ····· 225
  - A.3.5 字符串 ················· 227
  - A.3.6 数组 ··················· 228
  - A.3.7 迭代器（Iterators） ··· 230
- A.4 其他常用特性 ··············· 231
  - A.4.1 模式匹配 ··············· 231
  - A.4.2 异常处理 ··············· 232
  - A.4.3 文件 I/O ··············· 233

第 1 篇
Spark 基础

- 第 1 章 初识 Spark
- 第 2 章 Spark 运行与开发环境
- 第 3 章 Spark 编程模型

第 1 章　初识 Spark

笔者目前正在使用微软的 Word 进行书籍的撰写。而 Word 中一个很好用的功能便是拼写检查,当发生拼写错误时,会提供一个列表让我们选择。而背后的原理就是 Word 使用了一份庞大的词典来进行匹配,类似于专家的人工匹配行为。

而另一种思路是借用群体智慧,我们在使用谷歌浏览器的时候,会遇到一个"你是不是找"的功能模块,当输入比较"冷门"的搜索条件时,谷歌浏览器会给出一个更加准确的搜索条件,如图 1.1 所示。

图 1.1　谷歌搜索拼写纠正

谷歌就是利用了大数据,当我们输错一个词的时候,在每日海量的搜索数据中,一定有跟我们搜索相同内容的用户,他们会重新输入,那么这个重新输入的词也许就是我们想要的词;而另一方面,如果用户单击了该词,说明匹配正确,这样反馈学习的机制能够更好地提高拼写纠正的准确性。

类似的场景已经融入了人们生活中的方方面面,例如淘宝购物,平台会根据用户的购买行为记录推荐用户可能感兴趣的商品;看新闻,App 根据用户个人行为记录及群体的观看记录,向用户推荐热点新闻和用户感兴趣的新闻;社交平台,根据用户大量的记录构建用户画像,进行更加精准的广告投放。

互联网时代,社交网络、电子商务与移动通信将我们的社会推向了一个以 PB(1024TB)为单位的结构与非结构数据的新大数据时代。而面对海量的数据我们需要以更加高效的方式进行挖掘与应用,这就提出了大数据处理的需求。前几年随着 Hadoop 的兴起,大数据处理一时风起云涌,如图 1.2 展示了一个大数据平台的全景。

Data 一词源于拉丁语,其本意是要对未来进行预测。这也正反映了大数据处理的核心任务——预测。大数据平台给我们提供了面对海量数据进行挖掘的能力,将其转化为生产力并产生价值。

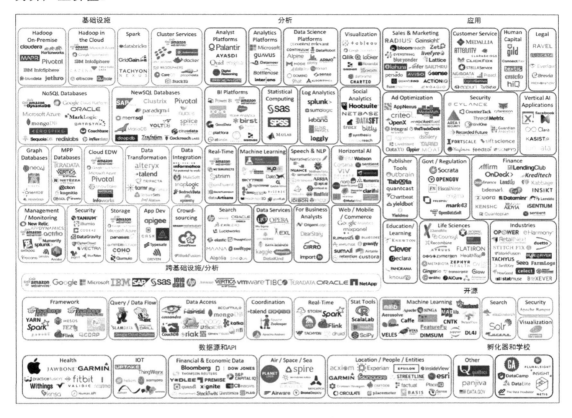

图 1.2 大数据平台全景

也许有读者不禁会问:既然 Hadoop 平台中 Map/Reduce 框架的提出在很大程度上解决了大数据的处理问题,那么为什么还会诞生 Spark 呢?本节就来介绍 Spark 的由来。

1.1 Spark 由来

Spark 最早源于一篇论文 *Resilient Distributed Datasets: A Fault-Tolerant Abstraction for In-Memory Cluster Computing*。该论文是由加州大学柏克莱分校的 Matei Zaharia 等人发表的。论文中提出了一种弹性分布式数据集(即 RDD)的概念,原文开头对其的解释是:

A distributed memory abstraction that lets programmers perform in-memory computations on large clusters in a fault-tolerant manner.

翻译过来就是：RDD 是一种分布式内存抽象，其使得程序员能够在大规模集群中做内存运算，并且有一定的容错方式。而这也是整个 Spark 的核心数据结构，Spark 整个平台都围绕着 RDD 进行。之后加州大学柏克莱分校 AMPLab 将其开发出来。

Apache Spark 是一种针对大规模数据处理的快速通用开源引擎，主要有以下特点。

- 速度快：由于 Apache Spark 支持内存计算，并且通过 DAG（有向无环图）执行引擎支持无环数据流，所以官方宣称其在内存中的运算速度要比 Hadoop 的 MapReduce 快 100 倍，在硬盘中要快 10 倍，如图 1.3 所示。

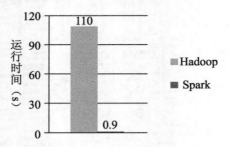

图 1.3 逻辑回归在 Hadoop 和 Spark 中运算速度对比

- 易于使用：截至笔者完稿时，Spark 的版本已经更新到 Spark 2.3.1，支持了包括 Java、Scala、Python 和 R 语言在内的多种语言。
- 通用性强：在 Spark 的基础上，Spark 还提供了包括 Spark SQL、Spark Streaming、MLib 及 GraphX 在内的多个工具库，我们可以在一个应用中无缝地使用这些工具库。其中，Spark SQL 提供了结构化的数据处理方式，Spark Streaming 主要针对流式处理任务（也是本书的重点），MLib 提供了很多有用的机器学习算法库，GraphX 提供图形和图形并行化计算，如图 1.4 所示。

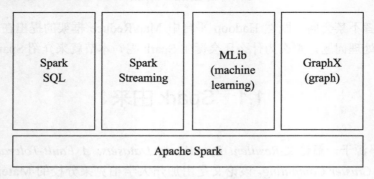

图 1.4 Spark 及其工具库

- 运行方式：Spark 支持多种运行方式，包括在 Hadoop 和 Mesos 上，也支持 Standalone 的独立运行模式，同时也可以运行在云上。另外对于数据源而言，Spark 支持从 HDFS、HBase、Cassandra 及 Kafka 等多种途径获取数据。

Spark 内部引入了一种称为弹性分布式数据集的结构（RDD），在数据结构之间利用有向无环图（DAG）进行数据结构间变化的记录，这样可以方便地将公共的数据共享，并且当数据发生丢失时，可以依靠这种继承结构（血统 Lineage）进行数据重建，具有很强的容错性。

1.2　流式处理与 Spark Streaming

在很多实时数据处理的场景中，都需要用到流式处理框架，Spark 也包含了一个完整的流式处理框架 Spark Streaming。本节我们先阐述流式处理框架，之后介绍 Spark Streaming。

1.2.1　流式处理框架

在传统的数据处理过程中，我们往往先将数据存入数据库中，当需要的时候再去数据库中进行检索查询，将处理的结果返回给请求的用户；另外，MapReduce 这类大数据处理框架，更多应用在离线计算场景中。而对于一些实时性要求较高的场景，我们期望延迟在秒甚至毫秒级别，就需要引出一种新的数据计算结构——流式计算，对无边界的数据进行连续不断的处理、聚合和分析。

流式处理任务是大数据处理中很重要的一个分支，关于流式计算的框架也有很多，如比较出名的 Storm 流式处理框架，是由 Nathan Marz 等人于 2010 年最先开发，之后将 Storm 开源，成为 Apache 的顶级项目，Trident 对 Storm 进行了一个更高层次的抽象；另外由 LinkedIn 贡献给社区的 Samza 也是一种流处理解决方案，不过其构建严重依赖于另一个开源项目 Kafka。

Spark Streaming 构建在 Spark 的基础之上，随着 Spark 的发展，Spark Streaming 也受到了越来越多的关注。

不同的流式处理框架有不同的特点，也适应不同的场景。

1．处理模式

对于流式处理框架而言，有两种完全不同的处理模式。一种是原生流处理（Native）的方式，即所有输入记录会一条接一条地被处理，上面我们提到的 Storm 和 Samza 都是采用这种方式。

另外一种是微批处理（Batch）的方式，将输入的数据以某一时间间隔 T，切分成多个微批量数据，然后对每个批量数据进行处理，Spark Streaming 和 Trident 采用的是这种方式。两种处理模式的区别，如图 1.5 所示。

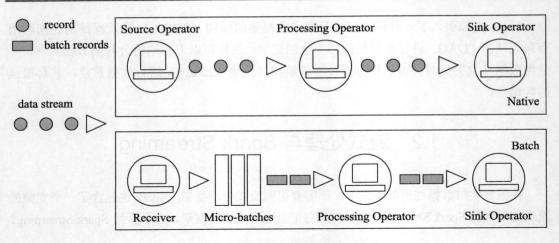

图 1.5　流式处理框架的不同处理模式

2．消息传输保障

一般有 3 种消息传输保障，分别是 At most once、At least once 和 Exactly once。At most once 表示每条消息传输的次数为 0 次或者 1 次，即消息可能会丢失；At least once 表示每条消息传输的次数大于等于 1 次，即消息传输可能重复传输但保证不会丢失；Exactly once 表示每条消息只会精确地传递 1 次，即消息传输过程中既不会丢失，也不会重复。Storm 和 Samza 保证了 At least once，而 Spark Streaming 和 Trident 保证了 Exactly once。

3．容错机制

在企业的日常生产环境中，流式处理发生中断出错的现象是常有的情况，可能是发生在网络部分、某个节点宕机或程序异常等。

因此流式处理框架应该具备容错能力，当发生错误导致任务中断后，应该能够恢复到之前成功的状态重新消费。Storm 和 Trident 是利用记录确认机制（Record ACKs）来提供容错功能，Samza 采用了基于日志的容错方式，而 Spark Streaming 则采用了基于 RDD Checkpoint 的方式进行容错。

4．性能

流式处理框架自然要关注一些性能指标，从而了解不同框架的特点，包括延迟时间（Latency）和吞吐量（Throughput）等指标。Storm 和 Samza 采用了逐条处理记录的方式，其延迟时间很低，其中 Storm 在实时性方面表现更加优异；而 Spark Streaming 和 Trident 采用了微批处理的方式，所以其延迟时间较高。另一方面，在吞吐量上，Spark Streaming 和 Samza 的表现要优于 Storm 和 Trident。

通过流式处理框架的介绍，以及和不同流式处理框架的比较，我们了解了 Spark

Streaming 作为新兴的流式处理框架的特点，下面对 Spark Streaming 做一些更加详细的介绍。

1.2.2 Spark Streaming 初识

在 Spark 的核心基础上，Spark Streaming 是一个高吞吐、高容错的实时流处理系统。Spark Streaming 可以从 Kafka、Flume、Kinesis 或者 TCP 套接字获取数据，然后利用复杂的操作（如 map、reduce、window 等）对其进行处理，最终将处理后的数据输出到文件系统、数据库或者控制台等，输入与输出的过程如图 1.6 所示。

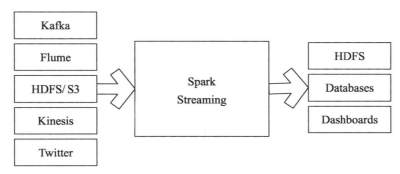

图 1.6　Spark Streaming 输入和输出过程

实际上，Spark Streaming 在接收到实时的流数据时，会将其按照批数据（batch）来处理，之后再对批数据进行操作得到最终的结果数据流，如图 1.7 所示。

图 1.7　Spark 批数据处理过程

可以看出，Spark Streaming 在内部采用了上述介绍流式处理框架时提到的微批处理的处理模式，而非直接对原始数据流进行处理。Spark Streaming 对这种处理方式做了一个更高层的抽象，将原始的连续的数据流抽象后得到的多个批处理数据（batches）抽象为离散数据流（discretized stream），即 DStream。DStream 本身有两种产生方式：一是从 Kafka、Flume 或者 Kinesis 等输入数据流上直接创建；二是对其他 DStream 采用高阶 API 操作之后得到（如 map、flatMap 等）。在其内部，DStream 本质是由 RDD 数据结构的序列来表示的，关于 RDD 我们会在后续 3.6 节中进一步说明。

1.2.3　Structed Streaming 简述

Spark 在 2.0 版之后加入了一种新的流式处理模式，即结构化流式处理（Structed Streaming）。不同于 Spark Streaming 是以 RDD 构成的 DStream 为处理结构，结构化流是一种基于 Spark SQL 引擎的可扩展且容错的流处理引擎。

我们可以像表达静态数据的批处理计算一样表达流式计算。Spark SQL 引擎将负责让语句按顺序地执行，并根据接收到的数据持续更新最终结果。与 Spark Streaming 类似，结构化流也提供了包括 Scala、Java、Python 及 R 在内的完善的 API 机制，并且通过检查点保证端到端的一次性容错。

Structed Streaming 与 Spark Streaming 类似，是一种微批处理的实时流处理系统，也就是说内部并不是逐条处理数据记录，而是按照一个个小 batch 来处理，从而实现低至 100 毫秒的端到端延迟和一次性容错保证。不过在最新的 Spark 2.3 以后，提供了更加低延迟的处理模式，能够低至 1 毫秒的端到端延迟，这是与 Spark Streaming 的区别。

由于本书主要介绍 Spark Streaming，因此这里不再展开，读者只需要了解 Spark 还有一种流式处理模式（在 6.6 节的日志分析实例中，将结合 Spark Streaming 和 Spark SQL 对日志信息进行分析处理和输出），也可视为一种结构化的处理方案，读者可以尝试用 Structed Streaming 处理这类数据。

1.3　本章小结

- Spark 的核心数据结构是 RDD，即弹性分布式数据集。
- Spark Streaming 采用微批处理模式，保证消息传输的精准性，采用 checkpoint 作为容错机制，具有良好的吞吐性能，延时表现并非真正实时。
- Spark Streaming 可以接收 Kafka 和 HDFS 等在内的多种数据源，经过批数据处理，输出到 HDFS 和数据库等。
- Structed Streaming 是 Spark 2.0 之后引入的结构化数据流，不同域的 Spark Streaming 以 RDD 为基础，而 Structed Streaming 更多以 Spark SQL 为基础，并且能够做到更低的延迟，希望读者能掌握本章内容，在实际项目中针对具体应用场景进行选择。

第 2 章　Spark 运行与开发环境

"工欲善其事，必先利其器"。我们想利用 Spark 对海量的数据进行挖掘、预测，必须先对 Spark 的运行开发环境有一个整体的部署。本章就对 Spark 的部署与安装，以及 Spark 开发环境的搭建进行介绍。

2.1　Spark 的下载与安装

2014 年 5 月 30 日，Spark 正式将版本号定为 1.0.0，成为一个成熟的大数据处理框架。至今，Spark 已经迭代了很多版本，而截止到笔者完稿时，最新的 Spark 版本是 Spark 2.3.2。在整个书籍的书写过程中，Spark 从 2.2 更新到了 2.3，所以在书中的阐述会有版本上的变化，但是这两个版本间的差异并不大，不影响我们的学习。

值得注意的是，2016 年 7 月 26 日发布的 Spark 2.0.0 是一个大版本的更新，很多的 API 接口和底层的实现细节都做出了一些优化，即 Spark 1.6 之后，版本跳到了 2.0，一些接口是不兼容的，这点希望读者在使用 Spark 的时候多加留意。

要安装 Spark，首先来到 Spark 的官方下载界面，如图 2.1 所示。

图 2.1　Spark 官方下载页面

在官方提供的下载页面中，首先选择 Spark 的版本号，目前提供的版本号最早到 1.4.0，更早的版本在官网已经不提供下载了；然后根据自己的需要选择 Hadoop 的版本，再选择一个适合的镜像库来下载 Spark；最后单击 Download 按钮等待下载完成。

需要注意的是，这样下载的 Spark 是已经编译好的 Spark，可以直接使用。如果需要对源码进行修改，可自行编译，也可以从 Git 上把源代码复制下来：

```
# 复制 Master 主分支
git clone git://github.com/apache/spark.git

# 下载指定的稳定版本 Spark
git clone git://github.com/apache/spark.git -b branch-2.1
```

在进入安装环境前，笔者自己的计算机运行环境和版本说明如下。
- 操作系统：Mac OS 10.12.6；
- Java 版本：1.8；
- Spark 版本：2.2；
- Scala 版本：2.11~2.12。

通过官网下载得到的文件为 spark-2.2.0-bin-hadoop2.7.tgz，将压缩包解压到指定目录，其目录结构如下：

```
$ ls spark-2.2.0-bin-hadoop2.7/
LICENSE    R          RELEASE    conf       examples   licenses   python     work
NOTICE     README.md  bin        data       jars       logs       sbin       yarn
```

其中，我们主要关注 conf 和 sbin 目录。conf 目录就是配置文件所在的目录，sbin 目录包含了 Spark 集群操作的大多数命令。至此，我们已将 Spark 下载到本地，在启动 Spark 前，还需要了解 Spark 的运行模式，并对 Spark 做一些基本的配置。

2.2 Spark 运行模式

Spark 提供了 4 种模式，分别是本地模式、Standalone 模式、Spark On Yarn 模式及 Spark On Mesos 模式。其中，本地模式包含了单机模式和单机伪集群模式，用于基本的调试与实验，而另外 3 种模式都是基于不同资源调配的集群模式，一般是生产环境中搭建的分布式集群。

为了更清楚地讲解 Spark 中不同的运行模式，我们先对 Spark 集群的运作方式从整体上进行一个介绍，其中需要清楚几个关键的概念，如图 2.2 所示。

图 2.2 中给出了应用程序在 Spark 集群中运行时涉及的相关概念。
- Application：提交到 Spark 集群的应用程序，简称 App。
- Driver：执行应用程序中创建 SparkContext 的 main 函数的进程，一般在集群的任何节点向集群提交应用程序，就可以将该节点称做 Driver 节点。
- Cluster manager：即集群管理器，作为 Spark 集群的"神经中枢"，统筹管理 Spark 集群的各种资源，包括 CPU 和内存等，并分配不同服务所需的资源（例如 standalone manager 即 Master、Mesos 和 Yarn）。
- Master 节点：即部署 Cluster manager 的节点，是一个物理层的概念。
- Worker：任何在集群中运行应用程序的节点，其接收集群管理器的调度安排，为应用程序分配必需的资源，生成 Executor，起到桥梁作用。
- Slave 节点：即部署 Worker 的机器节点，每个 Slave 节点可以有多个 Worker 进程，是一个物理层的概念。
- Executor：表示应用在 Worker 节点中进行实际计算的继承，进程会接收切分好的 Task 任务，并将结果缓存在节点内存和磁盘上。
- Task：被分配到各个 Executor 的单位工作内容，它是 Spark 中的最小执行单位，一般来说有多少个 Parititon（物理层面的概念，即分支可以理解为将数据划分成不同部分并行处理），就会有多少个 Task，每个 Task 只会处理单一分支上的数据。
- Job：由多个 Task 的并行计算部分，一般 Spark 中的 action 操作（如 save、collect，下一章会进一步说明），会生成一个 Job。
- Stage：是 Job 的组成单位，一个 Job 会切分成多个 Stage，Stage 彼此之间相互依赖顺序执行，而每个 Stage 是多个 Task 的集合，类似 map 和 reduce stage。

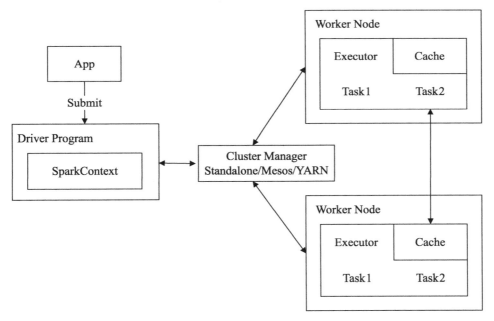

图 2.2　Spark 的不同组件

下面用一个例子来解释 Spark 应用的过程，以及其中概念的对应关系。假设我们需要做如下所述的事情，如图 2.3 所示（将在第 3 章介绍 RDD 的各类操作，然后在 3.8 节用一个小实例实现这个例子，读者在学习第 3 章后可以动手实践该例子）。

（1）将一个包含人名和地址的文件加载到 RDD1 中。

（2）将一个包含人名和电话的文件加载到 RDD2 中。

（3）通过 name 来拼接（join）RDD1 和 RDD2，生成 RDD3。

（4）在 RDD3 上做映射（map），给每个人生成一个 HTML 展示卡作为 RDD4。
（5）将 RDD4 保存到文件中。
（6）在 RDD1 上做映射（map），从每个地址中提取邮编，结果生成 RDD5。
（7）在 RDD5 上做聚合，计算出每个邮编地区中生活的人数，结果生成 RDD6。
（8）收集（collect）RDD6，并且将这些统计结果输出到 stdout。

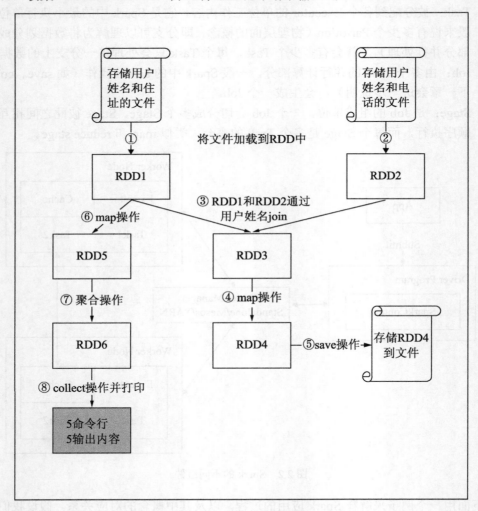

图 2.3 以概念解释例子

图 2.3 中第①、②、⑤、⑧步涉及输入和输出操作，其余是对 RDD 的操作（数字①～⑧对应上面所述的 8 个步骤）。以这个例子为参考，接下来解释 Driver program、Job 和 Stage 这几个概念。

- Driver program 是全部的代码，运行所有的 8 个步骤。

- 第⑤步中的 save 和第⑧步中的 collect 都会产生 Spark Job。Spark 中每个 action 对应着一个 Job，注意 Transformation 不会产生 Job。
- 其他几步（①、②、③、④、⑥、⑦）被 Spark 组织成多个 Stages，每个 Job 则是一些 Stage 序列的结果。对于一些简单的场景，一个 Job 可以只有一个 Stage。但是对于数据重分区的需求（比如第③步中的 join），或者任何破坏数据局域性的事件，通常会产生更多的 Stage。可以将 Stage 看作能够产生中间结果的计算，这种计算可以被持久化，比如可以把 RDD1 持久化来避免重复计算。

以上 3 个概念解释了某个程序运行时被拆分的逻辑。相比之下，Task 是一个特定的数据片段，在指定的 Executor 上运行，并且可以跨越某个特定的 Stage。

2.2.1 本地模式

该模式又可以称为单机模式，是 Spark 为开发人员提供的单机测试环境，利用单机的多个线程来模拟 Spark 分布式计算，用于对程序进行调试，验证应用逻辑的正确性。

我们可以通过两种方式来启用这种模式运行我们的程序：一种是在向 Spark 提交应用时，利用 --master local[N] 参数来设置；另一种方式是直接在程序中用 setMaster(" local[N] ")进行设置。

其中 N 表示用几个线程来模仿 Spark 集群节点，从而模仿应用程序在集群上的执行，该运行模式非常简单，我们不需要启动任何 Spark 的 Master 和 Worker 等守护进程，另外如果不需要使用 HDFS，也不需要启动 Hadoop 的各项服务。

举一个简单的例子，假设有一个 Spark 小程序用来统计 input.txt 文件中每个单词出现的数量，主类是 com.spark.hello.HelloSpark，有两种方式来利用 local 模式运行该程序。

我们可以在向 Spark 提交的时候，在命令行中直接加入 --master local[2] 参数，代码如下：

```
$ spark-submit --class com.spark.hello.HelloSparkStreaming --master local
[2] target/spark-streaming_hello-0.1-jar-with-dependencies.jar file:
//input.txt
```

或者在初始化 SparkContext 时，在配置 master 时设置：

```
val conf = new SparkConf().setAppName("spark-streaming_hello").setMaster
("local[2]")
```

2.2.2 本地集群模式

除了本地模式之外，Spark 还提供了一种用于本地测试和调试的模式，就是本地集群模式，该模式会利用当前的单一机器启动多个进程来模拟集群的分布式场景，相比 local[N] 模式中多个线程分享一个进程的资源，这种模式会更加接近真实的集群环境。通常我们会在部署到集群前，对程序做进一步的测试。

与 local[N]模式类似，我们也可以利用运行时参数 master local-cluster[x,y,z]或者调用 SetMaster(" local-cluster[x,y,z] ")两种方式来启动集群模式。利用 local-cluster[x,y,z]的形式分别对 executor 的数量 x、每个 executor 的 core 数量 y 及内存空间大小 z 进行设置。

2.2.3 Standalone 模式

Standalone 模式是 Spark 自带的一种集群模式，不同于前面利用多线程或者多个进程来模拟集群的环境，Standalone 模式是真实地在多个机器之间搭建 Spark 集群的环境，这才体现了分布式的真正价值，实际运用中完全可以利用该模式搭建多机器集群，用于实际的大数据处理。

前面已经介绍了 Spark 中的基本组件，Standalone 模式就是利用 Spark 自带的 Cluster Manager，不需要依赖于其他如 Hadoop 的服务，除非需要用到 HDFS 的内容。为了让大家对 Spark 集群有一个更加直观的感受，按照实际环境中的 Spark 集群构建，如图 2.4 所示。

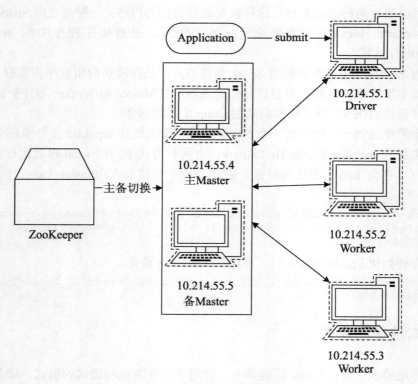

图 2.4 Standalone 集群框架图示例

一般在实际生产环境中，由于 Master 节点起到了资源分配和任务管理的重要角色，如果 Master 节点出问题会造成整个集群的瘫痪，所以我们会利用 ZooKeeper 的特性（ZooKeeper 是一个分布式的应用程序协调服务，它能够进行配置维护、分布式同步等，我们会在 5.1 节对 ZooKeeper 的内容进行更具体的介绍和部署），对 Master 节点做一个主备切换的容灾处理。另外，图 2.4 中还包含了一个 Driver 节点及两个 Worker 节点。

在不需要 HDFS 的应用场景中，Standalone 模式可以快捷、轻便地进行集群部署，不过该模式对于每个应用程序资源的分配都是固定的，并不能做到动态分配。本书在 Spark 的实际操作中，主要是依托于该模式来进行讲解，这种模式也可以适应很多的应用场景，之前笔者在实际项目应用中，针对每天千万量级的词频数据统计也是依托于该模式部署的。

2.2.4 Spark On Yarn 模式

Spark 在 0.6.0 版本之后，添加了对 Yarn 模式的支持。通常，当我们已经部署了 Hadoop 集群时，可以将 Spark 统一在 Yarn 模式下进行资源分配管理，有利于资源上的整合与共享。

Spark 在 Yarn 模式上分为 Yarn client 模式和 Yarn cluster 模式，两者的主要区别是，在 Yarn cluster 模式中，应用程序都作为 Yarn 框架所需要的主应用程序（Application Master），并通过 Yarn 资源管理器（Yarn ResourceManager）为其分配的一个随机节点上运行。而当我们需要本地交互时，可以利用 Yarn client 模式，该模型下 Spark 上下文（Spark-Context）会运行在本地，如 Spark Shell 和 Shark 等。因为公司内部大多数都会部署 Hadoop 集群，利用 HDFS 和 Hive 等进行存储管理，所以公司内部部署的公共 Spark 集群大多会依托于该模式。

2.2.5 Spark On Mesos 模式

Mesos 是 Apache 下的开源分布式资源管理框架，同 Yarn 类似，Spark 也提供了利用 Mesos 进行资源管理的方式，即 Spark On Mesos 模式。该模式可以细分为细粒度和粗粒度两种运行模式，关于 Mesos 的部署及安装，这里不做过多阐述，感兴趣的读者可以查阅官方文档。

2.3 搭建开发环境

在 2.2 节中对 Spark 的几种运行模式做了介绍，本书在进行实战的过程中重点以 Spark Standalone 模式进行，该模式也可以在生产环境中直接部署，不依赖于其他框架模式。当然，对于需要用到 Hadoop 的读者，也可以尝试 Spark On Yarn 的部署模式，对资源进行统一的管理。下面就来一步一步地搭建 Spark Standalone 运行模式及 Scala-Eclipse 的开发环境。

2.3.1 修改配置

2.1 节下载和解压 Spark 之后，在 Spark 的安装目录下进入 conf 目录，可以看到以下几个配置文件：

```
$ ll conf/
drwxr-xr-x@ 12 xiaolitao  staff    384  8  2 21:29 ./
drwxr-xr-x@ 18 xiaolitao  staff    576 11  5  2017 ../
-rw-r--r--@  1 xiaolitao  staff    996  7  1  2017 docker.properties.template
-rw-r--r--@  1 xiaolitao  staff   1105  7  1  2017 fairscheduler.xml.template
-rw-r--r--@  1 xiaolitao  staff   2025  7  1  2017 log4j.properties.template
-rw-r--r--@  1 xiaolitao  staff   7313  7  1  2017 metrics.properties.template
-rw-r--r--@  1 xiaolitao  staff    865  7  1  2017 slaves.template
-rw-r--r--@  1 xiaolitao  staff   1292  7  1  2017 spark-defaults.conf.template
-rwxr-xr-x@  1 xiaolitao  staff   3699  7  1  2017 spark-env.sh.template*
```

conf 目录中给出了很多模板文件，这里对几个常用的文件进行简单说明（默认目录中给出了后缀带有 template 的示例文件，在正式使用时我们需要将这个后缀去掉）。

- **docker.properties**：当使用 Docker 容器时，需要就该文件进行相关修改和配置。
- **log4j.properties**：Spark 作为源生于 Java 和 Scala 的开源系统，其使用的日志服务也依赖于经典的 log4j，所以当需要修改日志的显示级别，以及日志的保存文件等相关内容时，就需要在这里做相应配置。
- **slaves**：该文件用来配置 slave 节点，一般将每个 slave 节点的 IP 配置在该文件中。
- **spark-defaults.conf**：在提交 Spark 应用时，可以在程序内部指定相关配置，如使用的核的数量、最大占用内存数量等，另外也可以在提交命令中指定。如果两处都没有指定，就会按照该文件进行 Spark 应用的默认配置。
- **spark-env.sh**：是整个 Spark 集群环境变量的配置文件，我们需要在该文件中配置 Java 和 Scala 的安装路径，如果需要，还要配置 Hadoop 的安装路径。其他配置选项，读者可以参考官方文档 http://spark.apache.org/docs/latest/spark-standalone.html。

下面就来修改配置文件，搭建我们自己的集群，用于本书的所有实例。为了方便操作，我们以单一机器来搭建集群，即概念上的 Master 和 Worker 节点进行同机部署，而在实际生产环境中，只需要做相应的扩展，添加到集群中即可。集群的架构如图 2.5 所示。

我们以单一机器进行同机部署，以本地机器作为 Master 节点，同时该节点也是我们的 Slave 节点，并在此节点上启动两个 Worker 进程，图 2.5 中所示的两个 Worker 进程是 Spark 虚拟分配的两个 IP。为了完成整个集群的搭建，我们需要简单配置以 log4j.properties、slaves 和 spark-env.sh 三个相关文件。

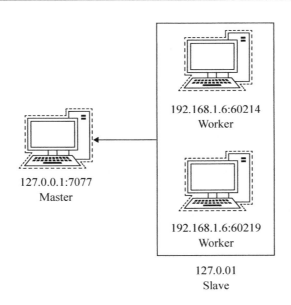

图 2.5 Spark 集群部署

首先将前面介绍的模板文件的*.template 的后缀 template 去掉，如下：

```
$ ll conf/
drwxr-xr-x@ 12 xiaolitao  staff   384  8  2 21:29 ./
drwxr-xr-x@ 18 xiaolitao  staff   576 11  5  2017 ../
-rw-r--r--@  1 xiaolitao  staff   996  7  1  2017 docker.properties.template
-rw-r--r--@  1 xiaolitao  staff  1105  7  1  2017 fairscheduler.xml.template
-rw-r--r--@  1 xiaolitao  staff  2025 11  5  2017 log4j.properties
-rw-r--r--@  1 xiaolitao  staff  2025  7  1  2017 log4j.properties.template
-rw-r--r--@  1 xiaolitao  staff  7313  7  1  2017 metrics.properties.template
-rw-r--r--@  1 xiaolitao  staff   865 11  5  2017 slaves
-rw-r--r--@  1 xiaolitao  staff   865  7  1  2017 slaves.template
-rw-r--r--@  1 xiaolitao  staff  1292  7  1  2017 spark-defaults.conf.template
-rwxr-xr-x@  1 xiaolitao  staff  3997 12 13  2017 spark-env.sh*
-rwxr-xr-x@  1 xiaolitao  staff  3699  7  1  2017 spark-env.sh.template*
```

然后将这三个文件从模板文件中复制出来并进行简单的配置。首先对 spark-env.sh 也是最重要的文件进行如下配置：

```
JAVA_HOME=/Library/Java/JavaVirtualMachines/jdk1.8.0_40.jdk/Contents/Home
SCALA_HOME=/usr/local/Cellar/scala/2.11.7/
SPARK_HOME=/Users/xiaolitao/Tools/spark-2.2.0-bin-hadoop2.7/
SPARK_MASTER_HOST=127.0.0.1
SPARK_WORKER_CORES=2
SPARK_WORKER_MEMORY=7g
SPARK_WORKER_INSTANCES=2
SPARK_DAEMON_MEMORY=1g
```

首先需要配置本地 Java、Scala 及 Spark 的安装目录，以上分别配置了其相应的安装路径（大家实际配置时，需要根据自己的实际环境来配置）。其次配置 Master 节点的 IP，由于我们使用单一机器进行部署，所以这里指定的 IP 为 127.0.0.1。之后的配置是针对每一个 Worker 实例，包含 2 核和 7GB 内存，我们这里共配置了两个 Worker 实例（特别说明的是，根据机器的实际情况进行配置，由于本书用于试验的机器是 4 核 16GB 内存，因此这里进行了如上配置）。

最后配置守护进程的内存总量，包括 Master 和 Worker 等。我们进行了一些关键配置，Spark 关于 Standalone 模式还提供了很多其他的配置，大家可以直接看模板文件或者参考官网（http://spark.apache.org/docs/latest/spark-standalone.html）。

对于 slaves 文件，由于我们目前的集群只有一台机器，所以这里仅仅配置了 localhost，Spark 会在 slaves 列出的所有机器节点中启动 Worker 进程，用来进行计算。

关于 log4j.properties，当我们打开从模板文件复制过来的配置文件时，其中已经进行了很详细的日志输出配置，因此这里基本没有改动，主要将 log4j.rootCategory 的日志输出级别改为了 WARN，否则会产生大量的系统日志信息，当程序发生错误的时候将很难进行定位，具体修改如下：

```
# 设置日志信息在控制台输出
log4j.rootCategory=WARN, console
log4j.appender.console=org.apache.log4j.ConsoleAppender
log4j.appender.console.target=System.err
log4j.appender.console.layout=org.apache.log4j.PatternLayout
log4j.appender.console.layout.ConversionPattern=%d{yy/MM/dd HH:mm:ss} %p %c{1}: %m%n
# 将日志级别设置为 WARN
# 会覆盖默认日志级别的设置
# 针对不同的 Spark 应用可以设置不同的日志级别
log4j.logger.org.apache.spark.repl.Main=WARN
# 将第三方库的日志级别设置高些
log4j.logger.org.spark_project.jetty=WARN
log4j.logger.org.spark_project.jetty.util.component.AbstractLifeCycle=ERROR
log4j.logger.org.apache.spark.repl.SparkIMain$exprTyper=INFO
log4j.logger.org.apache.spark.repl.SparkILoop$SparkILoopInterpreter=INFO
log4j.logger.org.apache.parquet=ERROR
log4j.logger.parquet=ERROR
# 避免 SparkSQL 支持 Hive 中不存在的 UDFs 的各种噪音信息
log4j.logger.org.apache.hadoop.hive.metastore.RetryingHMSHandler=FATAL
log4j.logger.org.apache.hadoop.hive.ql.exec.FunctionRegistry=ERROR
```

2.3.2 启动集群

前面对 Spark 集群进行了一些基本的配置，一些在具体环境中用到的配置，会在后面介绍。在启动集群前还需要进行一项关键的设置。

由于 Spark 在进行集群中每个节点的启动、停止的时候，都用 SSH 进行登录操作，所以与 Hadoop 类似，我们也需要进行 SSH 免密登录的设置，在 Mac OS 中配置方式如下所述。

（1）在终端执行 ssh-keygen -t rsa，之后一直按回车键，如果本机已经执行过该命令，可能会提示覆盖源文件，选择 yes 选项。

（2）执行 cat ~/.ssh/id_rsa.pub >> ~/.ssh/authorized_keys，用于授权你的公钥到本地可以无须密码登录。

对于 Linux 操作系统，可以执行如下命令进行免密设置：

```
ssh-keygen -t rsa -P ""
cat ./.ssh/id_rsa.pub >> ./.ssh/authorized_keys
chmod 600 ~/.ssh/authorized_keys
```

值得注意的是，如果集群中不止一个 slaves 节点，那么需要在每台机器上进行免密登录设置，并将其 IP 配置到 Master 节点下的 conf 和 slaves 配置文件中，这样 Spark 才能在配置的每个 slave 节点启动 Worker 进程。

完成上述操作，就开始激动人心的一刻——启动 Spark 集群了。在 Spark 的安装目录下进入 sbin 目录，具体如下：

```
$ ll sbin/
drwxr-xr-x@ 24 xiaolitao  staff   768 11  6  2017 ./
drwxr-xr-x@ 18 xiaolitao  staff   576 11  5  2017 ../
-rwxr-xr-x@  1 xiaolitao  staff  2803  7  1  2017 slaves.sh*
-rwxr-xr-x@  1 xiaolitao  staff  1429  7  1  2017 spark-config.sh*
-rwxr-xr-x@  1 xiaolitao  staff  5688  7  1  2017 spark-daemon.sh*
-rwxr-xr-x@  1 xiaolitao  staff  1262  7  1  2017 spark-daemons.sh*
-rwxr-xr-x@  1 xiaolitao  staff  1190  7  1  2017 start-all.sh*
-rwxr-xr-x@  1 xiaolitao  staff  1274  7  1  2017 start-history-server.sh*
-rwxr-xr-x@  1 xiaolitao  staff  2050  7  1  2017 start-master.sh*
-rwxr-xr-x@  1 xiaolitao  staff  1877  7  1  2017 start-mesos-dispatcher.sh*
-rwxr-xr-x@  1 xiaolitao  staff  1423  7  1  2017 start-mesos-shuffle-service.sh*
-rwxr-xr-x@  1 xiaolitao  staff  1279  7  1  2017 start-shuffle-service.sh*
-rwxr-xr-x@  1 xiaolitao  staff  3151  7  1  2017 start-slave.sh*
-rwxr-xr-x@  1 xiaolitao  staff  1527  7  1  2017 start-slaves.sh*
-rwxr-xr-x@  1 xiaolitao  staff  1857  7  1  2017 start-thriftserver.sh*
-rwxrwxrwx@  1 xiaolitao  staff  1478  7  1  2017 stop-all.sh*
-rwxr-xr-x@  1 xiaolitao  staff  1056  7  1  2017 stop-history-server.sh*
-rwxr-xr-x@  1 xiaolitao  staff  1080  7  1  2017 stop-master.sh*
-rwxr-xr-x@  1 xiaolitao  staff  1227  7  1  2017 stop-mesos-dispatcher.sh*
-rwxr-xr-x@  1 xiaolitao  staff  1084  7  1  2017 stop-mesos-shuffle-service.sh*
-rwxr-xr-x@  1 xiaolitao  staff  1067  7  1  2017 stop-shuffle-service.sh*
-rwxr-xr-x@  1 xiaolitao  staff  1557  7  1  2017 stop-slave.sh*
-rwxr-xr-x@  1 xiaolitao  staff  1064  7  1  2017 stop-slaves.sh*
-rwxr-xr-x@  1 xiaolitao  staff  1066  7  1  2017 stop-thriftserver.sh*
```

我们会发现 Spark 提供了大量的 shell 脚本用于操作 Spark 集群，其中用得比较多的是以下 3 个脚本文件。

- start-all.sh/stop-all.sh：用于启动集群上的所有节点和停止集群上的所有节点。
- start-master.sh/stop-master.sh：用于单独启动 Master 进程和停止该进程。

- start-slave.sh/stop-slave.sh：用于启动指定节点的 Worker 进程和停止该节点的所有 Worker 进程。

我们直接通过 start-all.sh 的脚本来启动配置的所有节点，包括一个 Master 进程和两个 Worker 进程，代码如下：

```
$ sbin/start-all.sh
starting org.apache.spark.deploy.master.Master, logging to /Users/xiaolitao/
Tools/spark-2.2.0-bin-hadoop2.7//logs/spark-xiaolitao-org.apache.spark.
deploy.master.Master-1-LITAOXIAO-MC0.out
localhost: starting org.apache.spark.deploy.worker.Worker, logging to
/Users/xiaolitao/Tools/spark-2.2.0-bin-hadoop2.7//logs/spark-xiaolitao-
org.apache.spark.deploy.worker.Worker-1-LITAOXIAO-MC0.out
localhost: starting org.apache.spark.deploy.worker.Worker, logging to
/Users/xiaolitao/Tools/spark-2.2.0-bin-hadoop2.7//logs/spark-xiaolitao-
org.apache.spark.deploy.worker.Worker-2-LITAOXIAO-MC0.out
localhost: starting org.apache.spark.deploy.worker.Worker, logging to
/Users/xiaolitao/Tools/spark-2.2.0-bin-hadoop2.7//logs/spark-xiaolitao-
org.apache.spark.deploy.worker.Worker-3-LITAOXIAO-MC0.out
```

Spark 提供了一套完整的 Web UI 用于监控整个集群的情况，默认的访问端口是 8080，我们也可以在之前的 spark-env.sh 中通过 SPARK_MASTER_WEBUI_PORT/ SPARK_WORKER_WEBUI_PORT 参数进行修改。集群启动成功后，访问该页面如图 2.6 所示。

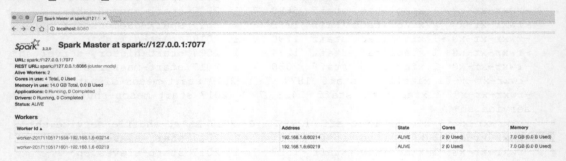

图 2.6　Spark 集群网页监控

Spark 集群中 Master 节点的默认端口号是 7077，我们可以通过 SPARK_MASTER_PORT 参数在 spark-env.sh 中进行配置。从图 2.6 中可以看出，之前我们配置了两个 Worker 进程实例，每个 Worker 实例为 2 核 7GB 内存，总共是 4 核 14GB 内存。

我们看到，目前显示的 Worker 资源都是空闲的，当向 Spark 集群提交应用之后，Spark 就会分配相应的资源给程序使用，可以在该页面看到资源的使用情况。

2.3.3　IDE 配置

前面提到，Spark 目前已经支持了包括 Java、Scala、Python 和 R 语言在内的多种编程语言，不同的编程语言都有比较好用的 IDE。当然，我们也可以直接使用 Vim 和 Sublime 等文本编辑器和插件。

本书在 Spark 实战中，选择使用 Scala 作为示例程序，毕竟 Spark 的源生语言是 Scala。工欲善其事，必先利其器，那么下面我们简单介绍 Scala Eclipse 和 Maven 的部署及使用（在附录 A 中讲解 Scala 时，还会提到另一个 IDE Intellij）。

熟悉 Java 开发的读者都知道 Java 的"开发神器"Eclipse，该 IDE 很好地集成了 Java 的代码提示、编译、运行等，并且提供了丰富的插件模式，使开发者能够通过安装插件的方式开发各种不同的语言，如 C++、Python 等。

打开 Eclipse 官网，我们会发现各种版本的 Eclipse，都是针对不同的语言。Eclipse 官方做了一些整合优化，其中便有我们需要的 Scala Eclipse，我们可以在 http://scala-ide.org/ 上下载。下载界面如图 2.7 所示。

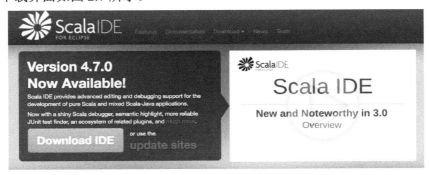

图 2.7　Scala Eclipse 下载

下载、解压并安装后（一定要预先安装好 Java 和 Scala），便可以打开 Scala Eclipse 进行一些简单的尝试了。首先新建一个 Scala 工程，如图 2.8 所示。

图 2.8　新建 Scala 工程

我们新建一个 HellloScala 的项目，如图 2.9 所示。

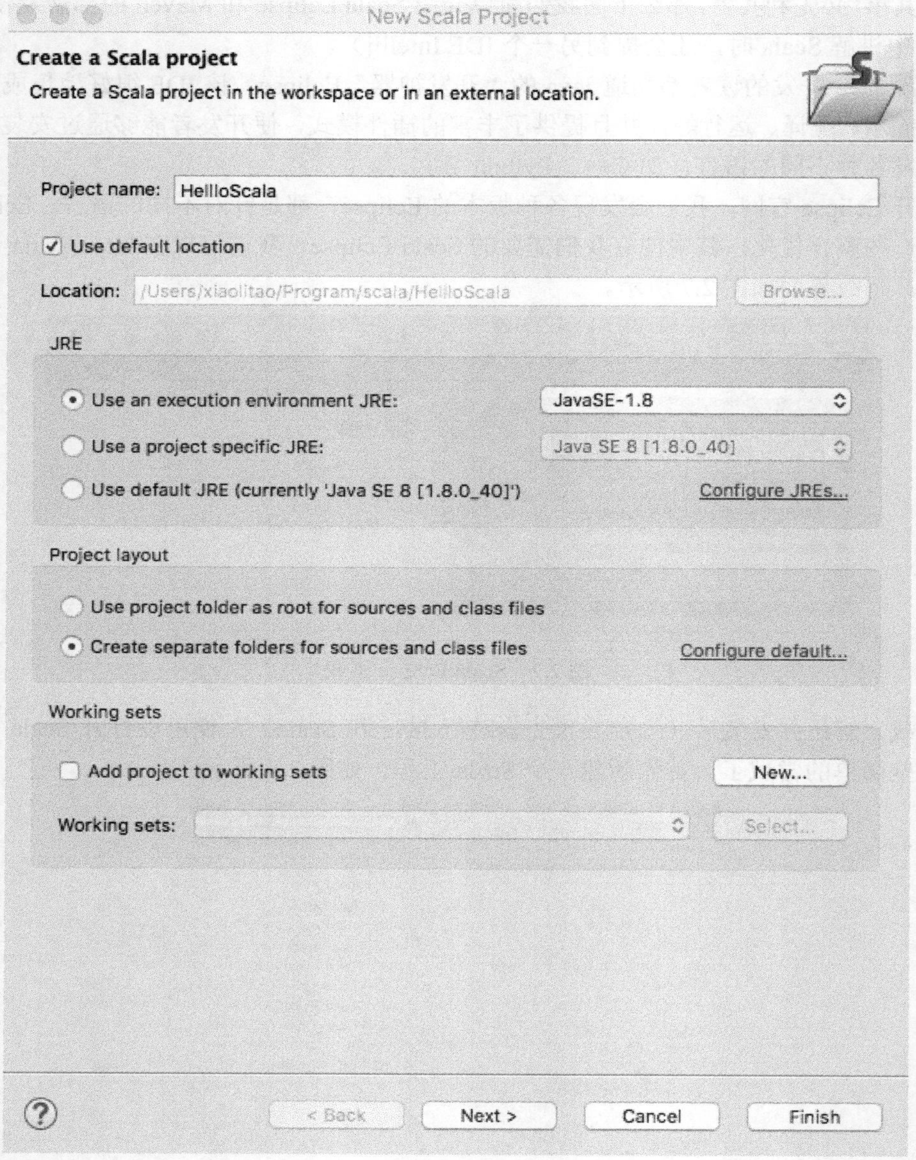

图 2.9　HelloScala 项目

可以指定项目的位置，以及一些其他设置，单击 Finish 按钮后会得到工程目录，如图 2.10 所示。

Scala 工程会将 Scala 和 Java 的 jar 库都引用进来，并且提供了一个 src 目录，我们依照 Java 的命名习惯新建一个 Package 和 Scala Object，如图 2.11 所示。

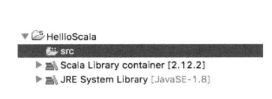
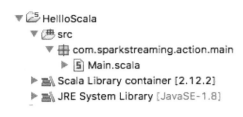

图 2.10　HelloScala 工程目录　　　　图 2.11　新建 Package 和 Scala Object

这里需要说明的是，在 Scala 中新加了 Object 的抽象概念，相当于一个单例对象，基本的 Scala 语法会在本书附录中给出，有一定 Java 经验的读者如想快速上手 Scala，可以参考附录内容。之后我们来写一个经典的开场白程序：

```
package com.sparkstreaming.action.main
object Main {
  def main(args: Array[String]) {
    // Scala 打印函数为 println
    println("hello scala")
  }
}
```

然后需要配置 Scala 的编译过程，在 Run Configuration 中，进行如下配置，如图 2.12 所示。

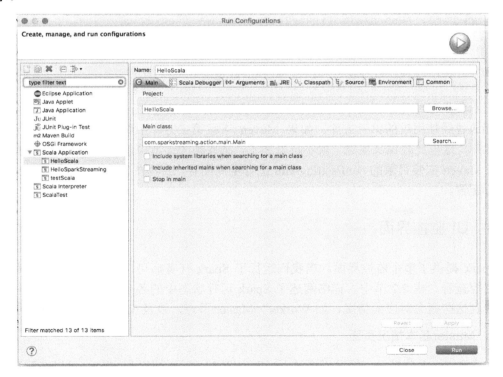

图 2.12　配置 Scala 编译运行

我们需要新建一个 Scala Application，然后配置工程目录及工程对应的主类，单击 Run 按钮便能看到 Console 中会出现 hello scala 的字样。

以上简单熟悉了一下 Scala IDE，其实在实际的开发过程中，往往会用到大量的第三方库，毕竟站在巨人的肩膀上摘苹果是通向成功的捷径。而当工程非常大的时候，就会遇到第三方 jar 包难于管理的问题，尤其是进行多个工程开发时，我们不得不将需要用到的 jar 包一次又一次地来回复制，并且会出现版本问题。

这时候就需要用到类似 Maven 的项目管理及自动构建工具了。Maven 是 Apache 下的一个顶级开源项目，利用远程库、镜像库和本地库的方式，能够帮助我们对 jar 包进行管理，并对整个项目进行构建。

当然，除了 Maven，还有 Scala 自带的 SBT 也可以对项目进行管理和构建，不过对于 Java 语系而言，Maven 的使用频度和广度更加高效。笔者在使用 Maven 进行 Scala 工程项目构建时，包括 Java 和 Scala 混合构建时还是一切顺利的，这里就以 Maven 进行 Spark Streaming 实战演练，读者如果感兴趣，也可以尝试 SBT 方式。我们可以在官网下载最新版本的 Maven：https://maven.apache.org/，下载完成后解压到相应目录，配置一下环境变量，在终端执行 mvn –v，得到结果如下：

```
$ mvn -v
Apache Maven 3.5.0 (ff8f5e7444045639af65f6095c62210b5713f426; 2017-04-04T03:39:06+08:00)
Maven home: /Users/xiaolitao/Tools/apache-maven-3.5.0
Java version: 1.8.0_40, vendor: Oracle Corporation
Java home: /Library/Java/JavaVirtualMachines/jdk1.8.0_40.jdk/Contents/Home/jre
Default locale: zh_CN, platform encoding: UTF-8
OS name: "mac os x", version: "10.14.1", arch: "x86_64", family: "mac"
```

表示我们已经将 Maven 安装成功，Maven 会在用户目录建立.m2 目录作为本地镜像库，用于存放曾经使用过的第三方库。如果 Maven 下载第三方库不顺畅，可以尝试配置第三方镜像库，这里比较偏离主题，就不再赘述了，感兴趣的读者可以到官网查看相关配置信息，在 Maven 安装目录的 conf/setting.xml 进行全局配置，或者在工程配置文件的 pom.xml 中进行配置。

2.3.4　UI 监控界面

Spark 提供了多个监控界面，当我们运行了 Spark 任务后可以直接在网页对各种信息进行监控查看。在 2.2 节中，详细阐述了 Spark 运行状态中的各个概念，下面在监控页面中会看到这些概念对应的情况，如 Worker、Master 节点，以及 Task、Job、Stage 等。

1．Master基本情况页面

当启动 Spark 集群后，便可以通过 localhost:8080（默认端口为 8080，可以在配置文件中修改），查看集群的整体情况，如图 2.13 所示。

第 2 章 Spark 运行与开发环境

图 2.13 Spark 集群 UI 基本情况

在监控页面中列出了当前集群的一些基本情况。比如在笔者部署的集群中有 3 个 Worker 节点，总内存为 12GB，当前有一个应用在运行，而下面的表格给出了每个 Worker 节点的资源占用情况。之后可以看到正在运行的应用情况，以及过往完成的应用情况。

2．单个Worker节点页面

在上述页面的 Workers 这一栏单击任意一个节点，就会看到关于该 Worker 节点的基本情况，如图 2.14 所示。

图 2.14 Worker 节点监控页面

从图中可以看到列出了该 Worker 节点的 ID 号、其对应的 Master 节点，以及该节点的基本资源情况，即几个内核、内存大小和占用情况。此外，还给出了正在运行的 Executor 的信息，如占用的资源情况，以及所属用户和应用名称，可以直接查看日志信息等。

3. 应用（Application）基本情况页面

在 Master 页面单击应用的 ID，可以进入应用基本情况页面，如图 2.15 所示。

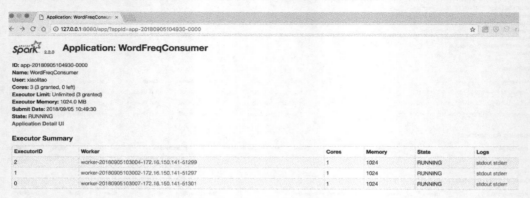

图 2.15　应用情况基本页面

页面中展示了应用的基本情况，如应用名称、所属用户、占用核数、内存数及提交日期等，页面下部的表格中给出了每个 Worker 节点中运行的 Executor 进程状态。

4. 应用（Application）详情页面

在应用情况基本页面中单击 Application Detail UI 按钮，可以进入应用详情页面，可以看到该应用更加详尽的情况，如图 2.16 至图 2.19 所示。

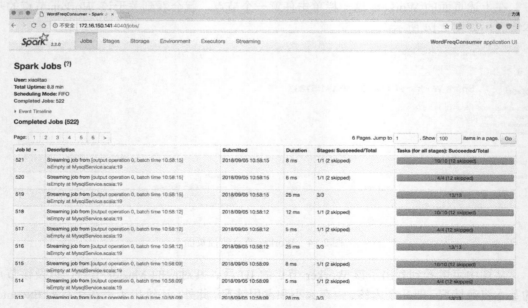

图 2.16　应用详情页-Jobs

第 2 章　Spark 运行与开发环境

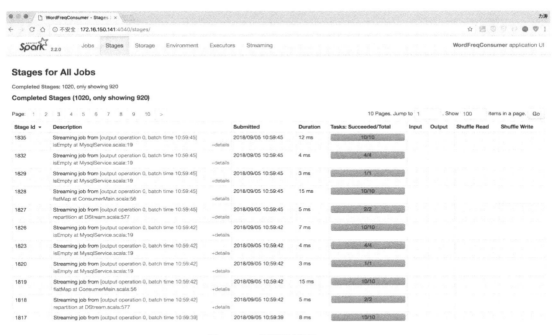

图 2.17　应用详情页-Stages

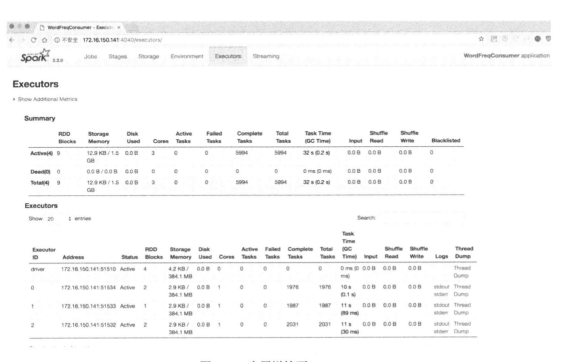

图 2.18　应用详情页-Executors

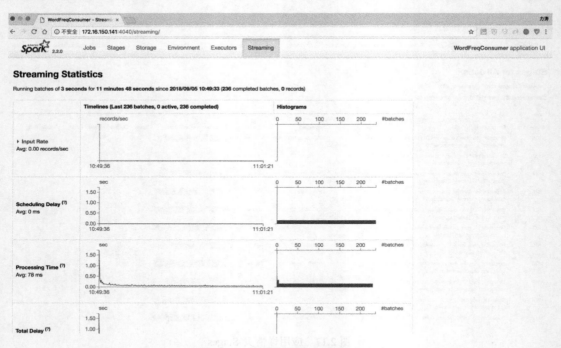

图 2.19　应用详情页-Streaming

可以看到 Spark 为应用程序提供了非常详尽的统计页面，在 2.2 节中提到的概念 Job 和 Stage 等信息都可以在这里查看到。通过观察应用详情页的各个信息，对进一步优化程序、调整瓶颈有着重要作用，我们会在第 7 章详细讲解。

此外，对应 Streaming 应用还会有 Streaming Statistics 页面，如图 2.19 所示，可以看到流式处理的时间及 Delay 情况等，对查看流式应用的稳定性及调优有着重要作用，在后续章节中也会详细介绍。

2.4　实例——Spark 文件词频统计

通过前面的介绍，我们搭建好了 Spark 集群（单机同机部署）和开发环境，下面就进行一次 Spark 的实例演习。这个 Demo 的流程如下：

从文本文件中读入英文句子，对其中的英文单词进行归纳统计，并输出每个英文单词的出现频率，如图 2.20 所示。

> 注：这个看似简单的任务其实在大规模数据处理中是非常实用的，对于词频的统计在舆情分析和自然语言处理等领域都有着广泛的应用，后续章节中我们会利用流式处理 Spark Streaminng 的方式对数据源进行词频统计。

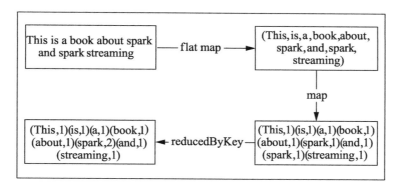

图 2.20　WordFreq_Spark 原理图

首先对原始文本进行一次 flatMap（转移操作），展开成类似数组元素的形式存储，之后做一次一对一映射，将每个词映射成为词和它出现的次数构成的二元组，最后做一次 reduceByKey 操作。这里的 Key 便是每个词，将多个重复词合并，并将出现次数求和，从而得到每个词在输入文本中的出现频率。下面我们来一步步实现这个 Spark 文件词频统计程序。

（1）创建一个 Spark 词频统计的项目，并跳过 archetype 项目模板的选择，将项目命名为 wordFreqFileSpark，如图 2.21 所示。

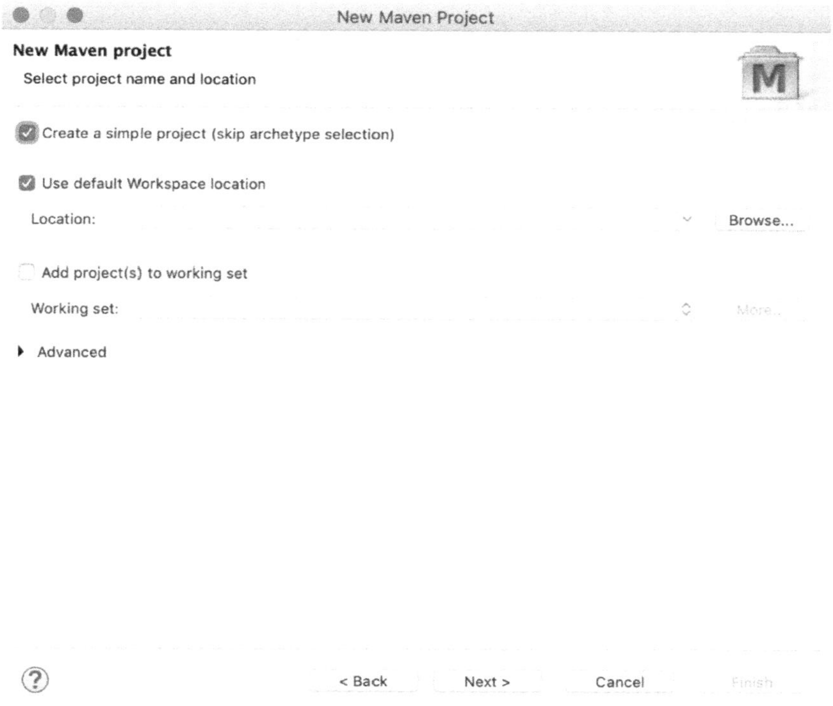

图 2.21　创建基于 Maven 的 Scala 项目

在随后的界面中对项目的名称、包名及版本号进行简单设置,如图 2.22 所示。

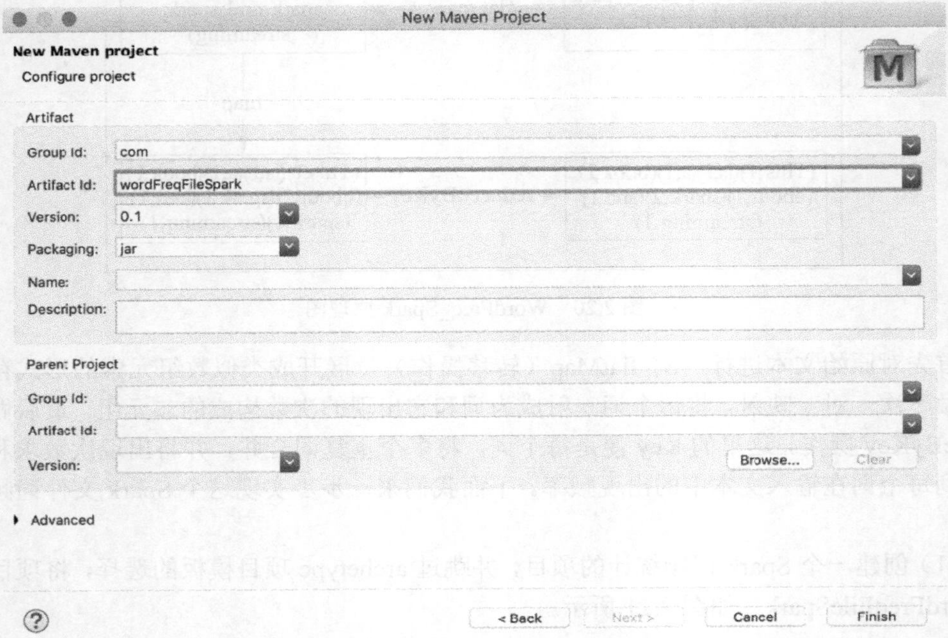

图 2.22 Maven 项目设置

在设置好后,IDE 会自动生成项目结构,不过我们需要将目录名重命名为 src/main/scala。

(2)对 Maven 项目添加 Scala 属性,步骤为选择:Right click on project→configure→Add Scala Nature 选项。

(3)打开项目的 pom.xml 文件,可以看到我们设置的 Maven 项目的基本信息:

```
<modelVersion>4.0.0</modelVersion>
<groupId>com</groupId><!--组织名-->
<artifactId>wordFreqFileSpark</artifactId><!--项目名-->
<version>0.1</version><!--版本号-->
<dependencies>
```

之后添加 pom.xml 中的依赖包,添加 spark、log 及编译工具等,代码如下:

```
<dependencies>
 <dependency> <!--Spark 依赖包 -->
  <groupId>org.apache.spark</groupId>
  <artifactId>spark-core_2.11</artifactId>
  <version>2.2.0</version>
  <scope>provided</scope>
 </dependency>
 <dependency><!--Log 日志依赖包 -->
  <groupId>log4j</groupId>
  <artifactId>log4j</artifactId>
```

```xml
<version>1.2.17</version>
</dependency>
<dependency><!--日志依赖接口-->
<groupId>org.slf4j</groupId>
<artifactId>slf4j-log4j12</artifactId>
<version>1.7.12</version>
</dependency>
</dependencies>
```

我们添加 Spark 的依赖包，在 pom.xml 中还需要配置 build 插件，添加一个用于混合 Scala 和 Java 编译的插件 maven-scala-plugin。另外，还添加了一个用于将所有依赖包都编译到一个 jar 包中的插件 maven-assembly-plugin，这样就能有一个完整的 jar 包，提交给 Spark 集群进行运算，代码如下：

```xml
<build>
<plugins>
 <!--混合 scala/java 编译-->
 <plugin><!--scala 编译插件-->
  <groupId>org.scala-tools</groupId>
  <artifactId>maven-scala-plugin</artifactId>
  <executions>
   <execution>
    <id>compile</id>
    <goals>
     <goal>compile</goal>
    </goals>
    <phase>compile</phase>
   </execution>
   <execution>
    <id>test-compile</id>
    <goals>
     <goal>testCompile</goal>
    </goals>
    <phase>test-compile</phase>
   </execution>
   <execution>
    <phase>process-resources</phase>
    <goals>
     <goal>compile</goal>
    </goals>
   </execution>
  </executions>
 </plugin>
 <plugin>
  <artifactId>maven-compiler-plugin</artifactId>
  <configuration>
   <source>1.7</source><!--设置 Java 源-->
   <target>1.7</target>
  </configuration>
 </plugin>
 <!-- for fatjar -->
 <plugin><!--将所有依赖包打入同一个 jar 包中-->
  <groupId>org.apache.maven.plugins</groupId>
```

```xml
      <artifactId>maven-assembly-plugin</artifactId>
      <version>2.4</version>
      <configuration>
       <descriptorRefs>
         <descriptorRef>jar-with-dependencies</descriptorRef><!--jar 包的后缀名-->
       </descriptorRefs>
      </configuration>
      <executions>
        <execution>
         <id>assemble-all</id>
         <phase>package</phase>
         <goals>
          <goal>single</goal>
         </goals>
        </execution>
      </executions>
    </plugin>
    <plugin>
      <groupId>org.apache.maven.plugins</groupId>
      <artifactId>maven-jar-plugin</artifactId>
      <configuration>
       <archive>
         <manifest>
          <addClasspath>true</addClasspath>
          <!--设置程序的入口类-->
          <mainClass>com.sparkstreaming.action.main.WordFreq</mainClass>
         </manifest>
       </archive>
      </configuration>
    </plugin>
  </plugins>
</build>
```

（4）从 Build Path 中移除 Scala Library（由于在 Maven 中添加了 Spark Core 的依赖项，而 Spark 是依赖于 Scala 的，Scala 的 jar 包已经存在于 Maven Dependency 中）。

（5）添加 package 包 sparkstreaming.action.wordfreq。

（6）创建 scala object 并命名为 WordFreq。

在做完以上准备工作后，我们的目标是从文本中读入数据，利用空格进行数据切分后，按照<词,1>的 key、value 形式映射后，最终以 key 为 reduce 对象，整合每个词出现的次数，核心代码如下：

```scala
package sparkstreaming.action.wordfreq.main
import org.apache.spark.SparkConf
import org.apache.spark.SparkContext
object WordFreq {
  def main(args: Array[String]) {
    // 创建 Spark 上下文环境
    val conf = new SparkConf()
      .setAppName("WordFreq_Spark")
      .setMaster("spark://127.0.0.1:7077")
    // 创建 Spark 上下文
    val sc = new SparkContext(conf)
```

```
// 文本文件名,读者可根据自己的路径进行修改
val txtFile = "input.txt"
// 读取文本文件
val txtData = sc.textFile(txtFile)
// 缓存文本 RDD
txtData.cache()
// 计数
txtData.count()
// 以空格分割进行词频统计
    val wcData = txtData.flatMap { line => line.split(" ") }
      .map { word => (word, 1) }
      .reduceByKey(_ + _)
    // 汇总 RDD 信息并打印
    wcData.collect().foreach(println)
    sc.stop
  }
}
```

对上面所述的 Spark 代码下面进行逐句分析,帮助读者理解:

(1)对于每个 Spark 程序而言,都需要依赖于 SparkContext 进行,我们可以通过 SparkConf 对其进行配置,比如上面这段程序,我们配置了程序名为 WordFreq_Spark 及 Master 节点的 IP 地址。

(2)我们从 input.txt 的文本文件中将数据读入,并且对其进行了 cache 和 count 操作。

(3)这一步是词频统计的关键一步,反映了图 2.20 所示的整个流程,利用 flatMap 以空格为切分将输入的文本映射为一个向量,之后用 map 将每个元素映射为(元素,词频)的二元组,最后以每个词元素为 key 进行 reduce(合并)操作,从而统计出每个词出现的词频(注:这一步是分散在集群当中的所有 Worker 中执行的,即每个 Worker 可能只计算了一小部分)。

(4)利用 collect 操作将每个 Worker 节点的计算结果汇总到 Driver 节点,对结果进行输出,并停止 Spark 上下文环境。

将代码保存好之后,在项目目录执行 mvn install 对代码进行编译,编译成功后会产生一个 target 文件,文件中有编译好的两个 jar 包,我们需要的是 xxxjar-with-dependencies 来提交给 Spark 集群运行,代码如下:

```
$ ll target/
drwxr-xr-x  10 xiaolitao  staff     320  7 19 16:34 ./
drwxr-xr-x  12 xiaolitao  staff     384 11 18 13:10 ../
-rw-r--r--   1 xiaolitao  staff  538636 11 16  2017 WordFreq_Spark-0.1-jar-with-dependencies.jar
-rw-r--r--   1 xiaolitao  staff    8055 11 16  2017 WordFreq_Spark-0.1.jar
drwxr-xr-x   2 xiaolitao  staff      64 11 16  2017 archive-tmp/
drwxr-xr-x   4 xiaolitao  staff     128 11 18 13:10 classes/
-rw-r--r--   1 xiaolitao  staff       1 11 16  2017 classes.timestamp
drwxr-xr-x   3 xiaolitao  staff      96 11 16  2017 maven-archiver/
drwxr-xr-x   3 xiaolitao  staff      96 11 16  2017 maven-status/
drwxr-xr-x   2 xiaolitao  staff      64 11 16  2017 test-classes/
```

之后利用下面的命令将编译好的 jar 包提交到 Spark 集群运行,代码如下:

```
./spark-2.2.0-bin-hadoop2.7/bin/spark-submit \
    --class sparkstreaming_action.wordfreq.main.WordFreq \
    --num-executors 4 \
    --driver-memory 1G \
    --executor-memory 1g \
    --executor-cores 1 \
    --conf spark.default.parallelism=1000 \
  target/WordFreq_Spark-0.1-jar-with-dependencies.jar
```

设置执行的 Executor 数为 4,Driver 进程的大小为 1g,然后再设置每个 Executor 的内存大小和占用核数。

进入 2.3.4 节讲解的 Spark UI 监控界面,如图 2.23 所示。

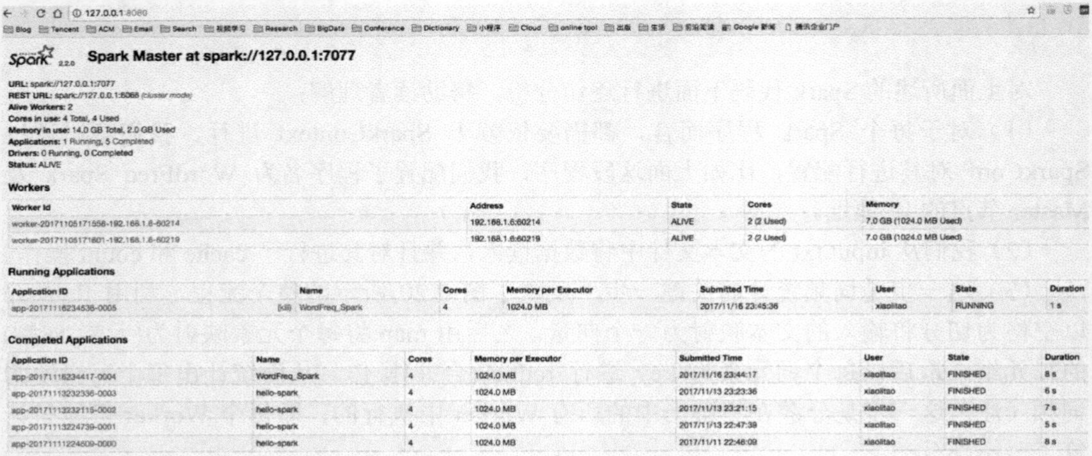

图 2.23　WordFreq Spark Master 监控页面

在网页最顶端,可以看到整个 Spark 集群的基本情况,包括 Worker 数、Core 的数量、内存总量及当前状态等内容;再往下可以看到正在运行的程序就是我们刚提交的 WordFreq_Spark 程序,以及其占用的内存数和核数;最下面可以看到过往的提交历史记录。

另外,还可以单击 Worker,查看每个 Worker 的详细运行情况。如图 2.24 所示,可以看到 Worker 中 Executor 的运行情况。

> 注:这里我们看到的是 Removed Executors,是因为笔者在截图的时候程序已经运行结束,笔者是从历史记录中截取的。

如果一切顺利,将会看到 Console 中打印出每个词的词频数量,恭喜你已经成功迈入了 Spark 的世界,运行结果如下:

```
$ ./run.sh
(data,1)
(learn,1)
```

```
(I,2)
(use,1)
(can,1)
(process,1)
(spark,1)
(it,1)
(big,1)
(stremaing,1)
(to,2)
(want,1)
```

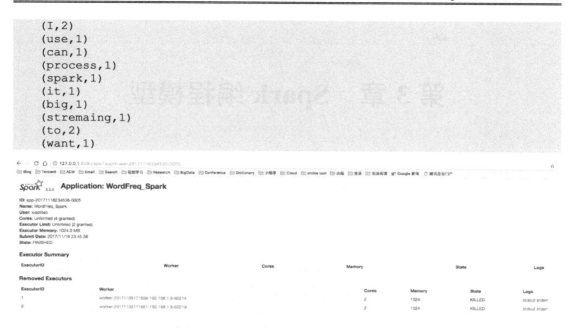

图 2.24　WordFreq Spark Worker 监控页面

2.5　本章小结

- 在下载安装 Spark 时，一定要关注相应的版本，除非特殊需要，建议直接使用官方预编译好的版本。
- Spark 提供了多种运行模式，除了本地测试用的模式外，生产环境中常用的主要是 Standalone 和基于 Yarn 的运行模式，本书以 Standalone 模式为主。
- 注意 Spark 集群的配置，可以参考官方文档，本书后续也会进一步介绍。
- 我们可以利用 Scala-Eclipse 开发 Scala 程序，利用 Maven 对依赖包进行管理和编译，如果 Maven 下载 jar 包非常慢，可以尝试配置 Maven 镜像库。
- 除了 Eclipse，当前比较好用的 IDE 还有 Intellij，在附录中会介绍。
- 将程序提交到 Spark 集群后，除了查看日志外，还要学会观察利用 Spark 自带的监控网页，其提供了强大的各种统计信息，对调优查看应用稳定性都有非常重要的作用。

第 3 章　Spark 编程模型

通过前面章节的学习，我们已经能够自己开发 Spark 程序，并部署到自己的集群上运行。这个过程很有趣，但是我们看到的只是表面的东西，以及 Spark 最后运行的结果，其内部的运行机制和原理我们并不清楚。

为了更好地进行 Spark Streaming 的实战演练，本章从 Spark 编程原理出发，一步步探寻，并最终对 Spark Streaming 的运行机制和原理进行了解和掌握，为后续的 Spark Streaming 实战打下基础。

3.1　RDD 概述

对于大量的数据，Spark 在内部保存计算的时候，都是用一种叫做弹性分布式数据集（Resilient Distributed Datasets，RDD）的数据结构来保存的，所有的运算以及操作都建立在 RDD 数据结构的基础之上。

在 Spark 开山之作 *Resilient Distributed Datasets: A Fault-Tolerant Abstraction for In-Memory Cluster Computing* 这篇 paper 中（以下简称 RDD Paper），Matei 等人提出了 RDD 这种数据结构，文中开头对 RDD 的定义是：

A distributed memory abstraction that lets programmers perform in-memory computations on large clusters in a fault-tolerant manner.

也就是说 RDD 设计的核心点为：

- 内存计算；
- 适合于计算机集群；
- 有容错方式。

论文中阐述了设计 RDD 的难点在于如何提供有效的容错机制（Fault tolerance efficiently）。在以往的设计中，会将内存进行集群抽象，比如分布式共享内存、键值存储（Redis）和数据库等，这种方式是细粒度（fine-grained）的更新一个可变状态，相应的容错方式也需要进行机器间的数据复制和日志传输，这会加大网络开销和机器负担。

而 RDD 则使用了粗粒度的（coarse-grained）转换，即对于很多相同的数据项使用同一种操作（如 map、filter、join）。这种方式能够通过记录 RDD 之间的转换从而刻画 RDD 的继承关系（lineage），而不是真实的数据，最终构成一个 DAG（有向无环图），这种结构使得当发生 RDD 丢失时，能够利用上下图中的信息从其祖辈 RDD 中重新计算得到。下面详细介绍 RDD 的内部存储结构。

3.2 RDD 存储结构

RDD 实现的数据结构核心是一个五元组，如表 3.1 所示。

表 3.1 RDD实现的数据结构核心

属　　性	说　　明
分区列表-partitions	每个分区为RDD的一部分数据
依赖列表-dependencies	table存储其父RDD，即依赖RDD
计算函数-compute	利用父分区计算RDD各分区的值
分区器-partitioner	指明RDD的分区方式（Hash、Range）
分区位置列表-preferredLocations	指明分区优先存放的节点位置

其中每个属性的代码如下：

```
//RDD 中的依赖关系由一个 Seq 数据集来记录，这里使用 Seq 的原因是经常取第一个元素或者遍历
protected def getDependencies: Seq[Dependency[_]] = deps

// 分区列表定义在一个数组中，这里使用 Array 的原因是随时使用下标来访问分区内容
// @transient 分区列表不需要被序列化
protected def getPartitions: Array[Partition]

// 接口定义，具体由子类实现，对输入的 RDD 分区进行计算
def compute(split: Partition, context: TaskContext): Iterator[T]

// 分区器
// 可选，子类可以重写以指定新的分区方式, Spark 支持 Hash 和 Range 两种分区方式 @transient
val partitioner: Option[Partitioner] = None

// 可选，子类可以指定分区的位置，如 HadoopRDD 可以重写此方法，让分区尽可能与数据在
相同的节点上
protected def getPreferredLocations(split: Partition): Seq[String] = Nil
```

RDD 设计的一个重要优势是能够记录 RDD 间的依赖关系，即所谓血统（lineage）。我们通过丰富的转移操作（Transformation），可以构建一个复杂的有向无环图，并通过这个图来一步步进行计算。RDD 的这 5 个核心属性（见表 3.1）起到了非常关键的作用，并且由 Spark 设计之初一直保存到现在。

在讲解 RDD 属性时，我们多次提到了分区（partition）的概念。分区是一个偏物理层的概念，也是 RDD 并行计算的核心。数据在 RDD 内部被切分为多个子集合，每个子集合可以被认为是一个分区，我们的运算逻辑最小会被应用在每一个分区上，每个分区是由一个单独的任务（task）来运行的，所以分区数越多，整个应用的并行度也会越高。

3.3 RDD 操作

有一定开发经验的读者应该都使用过多线程，利用多核 CPU 的并行能力来加快运算速率。在开发并行程序时，我们可以利用类似 Fork/Join 的框架将一个大的任务切分成细小的任务，每个小任务模块之间是相互独立的，可以并行执行，然后将所有小任务的结果汇总起来，得到最终的结果。

一个非常好的例子便是归并排序。对整个序列进行排序时，可以将序列切分成多个子序列进行排序，然后将排好序的子序列归并起来得到最终的结果，如图 3.1 所示。

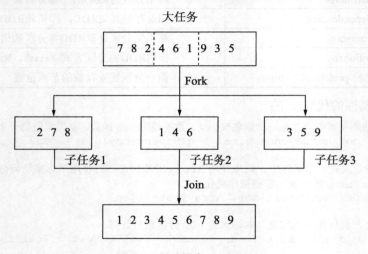

图 3.1 归并排序 Fork/Join

对 Hadoop 有所了解的读者都知道 map、reduce 操作。对于大量的数据，我们可以通过 map 操作让不同的集群节点并行计算，之后通过 reduce 操作将结果整合起来得到最终输出。

而对于 Spark 处理的大量数据而言，会将数据切分后放入 RDD 作为 Spark 的基本数据结构，开发者可以在 RDD 上进行丰富的操作，之后 Spark 会根据操作调度集群资源进行计算。总结起来，RDD 的操作主要可以分为 Transformation 和 Action 两种。

3.3.1 Transformation 操作

在 Spark 中，Transformation 操作表示将一个 RDD 通过一系列操作变为另一个 RDD 的过程，这个操作可能是简单的加减操作，也可能是某个函数或某一系列函数。值得注意的是，Transformation 操作并不会触发真正的计算，只会建立 RDD 间的关系图。

- map(f:T=>U) : RDD[T]=>RDD[U]，表示将 RDD 经由某一函数 f 后，转变为另一个 RDD。
- filter(f:T=>Bool) : RDD[T]=>RDD[T]，表示将 RDD 经由某一函数 f 后，只保留 f 返回为 true 的数据，组成新的 RDD。
- flatMap(f:T=>Seq[U]) : RDD[T]=>RDD[U])，表示将 RDD 经由某一函数 f 后，转变为一个新的 RDD，但是与 map 不同，RDD 中的每一个元素会被映射成新的 0 到多个元素（f 函数返回的是一个序列 Seq）。
- mapPartitions(f:Iterator[T]=>Iterator[U], preservesPartitioning:Boolean = false) : RDD[U]，表示将一个 RDD 经由某一函数 f 后，转变为另一个 RDD，但是在操作 RDD 内部的元素时，是按照分区进行操作的。如果我们需要在映射过程中创建对象，那么可以利用 mapPartitions 操作，从而仅仅每个分区创建一次（在后面对数据库操作时能进一步感受到）。
- mapPartitionsWithIndex(f:(Int, Iterator[T])=>Iterator[U], preservesPartitioning: Boolean = false) : RDD[U]，与 mapPartitions 类似，不过该操作提供了一个额外的整型参数，用于指定 partition 的索引值。
- sample(withReplacement: Boolean, fraction: Double, seed: Long) :RDD[T]=>RDD[T]，该函数是一个统计机器学习常用到的抽样函数，将一个 RDD 内的元素通过用户设定的百分比、随机种子、有放回抽样等进行采样，获取元素组成一个新的 RDD。其中，参数 withReplacement 表示是否放回抽样。

如图 3.2 所示，RDD 内部每个方框是一个分区。假设需要采样 50%的数据，通过 sample 函数，从 V_1、V_2、U_1、U_2、U_3、U_4 采样出数据 V_1、U_1 和 U_4，形成新的 RDD。

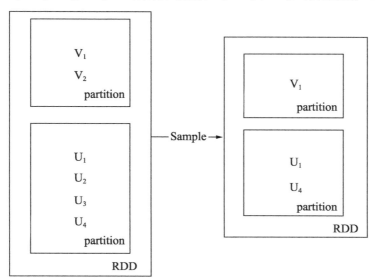

图 3.2　RDD sample 操作

- groupByKey([numTasks]) : RDD[(K,V)]=>RDD[(K,Seq[V])]，该函数针对包含键值对数据的 RDD 进行操作，会将 RDD 内部的数据，根据键值 key，经由某一函数合并值 value，从而新生成一个 RDD，包含(K,Seq[V])对的数据集。

注意：(1) 该操作可以改变 numTasks 来增大或建设任务数量，默认与分区个数一致。
(2) 另外，可以多使用 reduceByKey 操作，其在求和、求平均时表现更好。

- reduceByKey(f:(V,V)=>V, [numTasks]) : RDD[(K, V)]=>RDD[(K, V)]，也是针对包含键值对数据的 RDD 进行操作，根据内部的键值，将 value 合并起来，同样地，可以利用 numTasks 设置任务数。
- union(otherDataset) : (RDD[T],RDD[T])=>RDD[T]，表示将两个不同的 RDD 合并成为一个新的 RDD。
- intersection(otherDataset): (RDD[T],RDD[T])=>RDD[T]，表示将两个 RDD 内部的数据集求交集，产生一个新的 RDD。
- distinct([numTasks])，表示对原 RDD 中的数据集进行去重操作。
- join(otherDataset, [numTasks]) : (RDD[(K,V)],RDD[(K,W)])=>RDD[(K,(V,W))]，返回 key 值相同的所有匹配对，如图 3.3 所示。

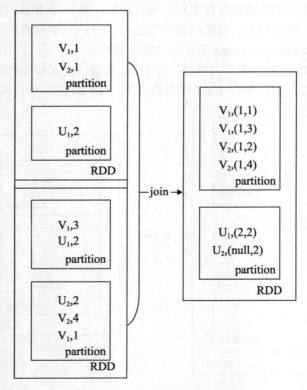

图 3.3　RDD join 操作

将两个 RDD 内部键值相同的数据，合并成 key,pair(value1, value2)的形式。
- cogroup() :(RDD[(K,V)],RDD[(K,W)])=>RDD[(K,(Seq[V],Seq[W]))]，也是针对包含键值对数据的 RDD，先将两个 RDD 中键相同的元素，将其值分别聚合成为一个集合，之后利用集合的迭代器，以(Key, (Iterable[V], Iterable[w]))的形式返回形成新的 RDD。
- cartesian(otherDataset) : (RDD[T],RDD[U])=>RDD[(T,U)]，表示对于两个 RDD 内部的数据集，将数据集进行笛卡尔积后，产生新的(T,U)二元组，构成新的 RDD。
- sortByKey([ascending], [numTasks]) :RDD[(K,V)]=>RDD[(K,V)]，表示根据 key 值进行排序，如果 ascending 设置为 true，则按照升序排序。
- repartition(numPartitions):对 RDD 中的所有数据进行 shuffle 操作，对原有 RDD 中的分区重新划分，减少或者增加分区，使不同节点间的运算更加平衡。该操作通常会通过网络传输来打乱（shuffle）所有数据。

3.3.2 Action 操作

不同于 Transformation 操作，Action 操作代表一次计算的结束，不再产生新的 RDD，将结果返回到 Driver 程序。所以 Transformation 操作只是建立计算关系，而 Action 操作才是实际的执行者。每个 Action 操作都会调用 SparkContext 的 runJob 方法向集群正式提交请求，所以每个 Action 操作对应一个 Job。
- count():RDD[T]=>Long，返回数据集的元素个数。
- countByKey():RDD[T]=>Map[T,Long]，对(K,V)类型的 RDD 有效，返回一个(K，Int)对的 Map，表示每一个 key 对应的元素个数。
- collect():RDD[T]=>Seq[T]，将所有数据集以数组的形式汇总在 Driver 节点，需要注意的是，如果数据集很大，会"撑爆"Driver 节点的内存，所以通常需要做些 filter 操作后，将一个子数据集合并在 Driver 节点。
- reduce(f:(T,T)=>T) : RDD[T]=>T，该函数有点像斐波那契数列，会将 RDD 内部的数据集按照顺序两两合并，直到产生最后一个值为止，并将其返回。即首先合并前两个元素，将结果与第三个元素合并，以此类推。
- saveAsTextFile(path:String)，数据集内部的元素会调用其 toString 方法，转换为字符串形式，然后根据传入的路径保存成文本文件，既可以是本地文件系统，也可以是 HDFS 等。
- saveAsSequenceFile(path:String)，数据集内部的元素，以 Hadoop 序列化文件的格式（sequence file），保存到指定的目录下'本地系统'HDFS 或者任何 Hadoop 支持的文件系统中。该操作要求 RDD 数据由 key-value 对组成，并实现了 Hadoop 的 Writable 接口，或者隐式地可以转换为 Writable 的 RDD。

- saveAsObjectFile(path:String)，利用 Java 的 Serialization 接口进行持久化操作，之后可以使用 SparkContext.objectFile()重新 load 回内存。
- take(n)，将数据集的前 n 个元素提取出来，汇总到 Driver 节点，以数组的形式返回。
- takeSample(withReplacement, num, [seed])，与 take 类似，只不过该操作会根据 num 和 seed 进行随机采样数据元素，然后汇总成数组，其中 withReplacement 参数可以设置是否放回采样。
- takeOrdered(n, [ordering])，返回前 n 个元素，可以使用元素的自然顺序，也可以使用用户自定义 comparator。
- first()，返回数据集中的第一个元素，等同于 take(1)操作。
- foreach(func)，将函数 func 应用在数据集的每一个元素上，通常用于更新一个累加器，或者和外部存储系统进行交互，例如 Redis。关于 foreach，在后续章节中还会使用，到时会详细介绍它的使用方法及注意事项。

3.4 RDD 间的依赖方式

前面已经提到 RDD 的容错机制是通过将 RDD 间转移操作构建成有向无环图来实现的。从抽象的角度看，RDD 间存在着血统继承关系，而真正实现的时候，其本质上是 RDD 之间的依赖（Dependency）关系。

从图的角度看，RDD 为节点，在一次转换操作中，创建得到的新 RDD 称为子 RDD，同时会产生新的边，即依赖关系，子 RDD 依赖向上依赖的 RDD 便是父 RDD，可能会存在多个父 RDD。我们可以将这种依赖关系进一步分为两类，分别是窄依赖（Narrow Dependency）和 Shuffle 依赖（Shuffle Dependency 在部分文献中也被称为 Wide Dependency，即宽依赖）。

3.4.1 窄依赖（Narrow Dependency）

窄依赖中，即父 RDD 与子 RDD 间的分区是一对一的，换句话说，父 RDD 中，一个分区内的数据是不能被分割的，只能由子 RDD 中的一个分区整个利用。几类常见的窄依赖及其对应的转换操作如图 3.4 所示。

图 3.4 中，P 代表 RDD 中的每个分区（Partition），我们看到，RDD 中每个分区内的数据在上面的几种转移操作之后被一个分区所使用，即其依赖的父分区只有一个。比如图中的 map、union 和 join 操作，都是窄依赖的。注意，join 操作比较特殊，可能同时存在宽、窄依赖。

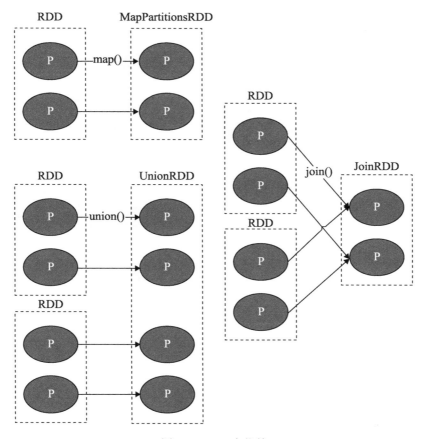

图 3.4　RDD 窄依赖

3.4.2　Shuffle 依赖（宽依赖 Wide Dependency）

Shuffle 有"洗牌、搅乱"的意思，这里所谓的 Shuffle 依赖也会打乱原 RDD 结构的操作。具体来说，父 RDD 中的分区可能会被多个子 RDD 分区使用。因为父 RDD 中一个分区内的数据会被分割并发送给子 RDD 的所有分区，因此 Shuffle 依赖也意味着父 RDD 与子 RDD 之间存在着 Shuffle 过程。几类常见的 Shuffle 依赖及其对应的转换操作如图 3.5 所示。

同样，图 3.5 的 P 代表 RDD 中的多个分区，我们会发现对于 Shuffle 类操作而言，结果 RDD 中的每个分区可能会依赖多个父 RDD 中的分区。

需要说明的是，依赖关系是 RDD 到 RDD 之间的一种映射关系，是两个 RDD 之间的依赖，如果在一次操作中涉及多个父 RDD，也有可能同时包含窄依赖和 Shuffle 依赖，join 操作如图 3.6 所示。

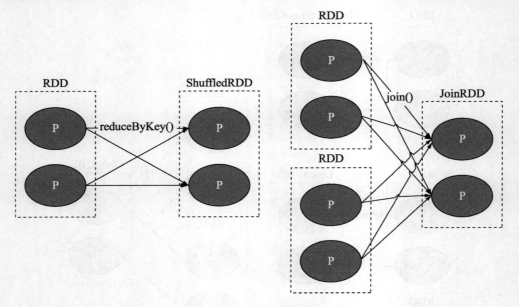

图 3.5 RDD 宽依赖

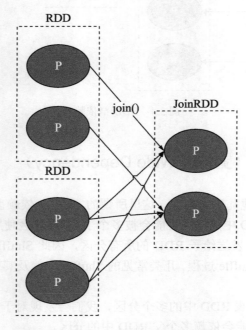

图 3.6 宽、窄依赖并存的 join 操作

我们会发现图 3.6 中的 join 操作,其中一个 RDD 是窄依赖,而另一个 RDD 是宽依赖,这就是 join 操作可能同时存在宽、窄依赖。

3.5 从 RDD 看集群调度

在第 2 章中，通过图 2.4 从宏观角度列出了一个 Spark 程序从提交后在整个集群中的调度过程，并且也实际操作了一个 Spark 应用程序在集群中运行。而在前几节中介绍了 Spark 编程模型的细节，下面我们从 RDD 的角度对这个过程进行更详细的解析，使读者从内部原理上有一个更深刻的认识。

（1）通过 Maven 或者 SBT 等，将我们的应用及其依赖的 jar 包完整地打包，利用 spark-submit 命令将 jar 包提交到 Spark 中。

（2）提交程序的这个 Spark 节点会作为 Driver 节点，并从 Cluster Manager 中获取资源。

（3）程序会在 Worker 节点中获得 Executor，用来执行我们的任务。

（4）在 Spark 程序中每次 RDD 的 Action 变换会产生一个新的 Job，每个 Job 包含多个 Task。

（5）RDD 在进行 Transformation 时，会产生新的 stage。

（6）Task 会被送往各个 Executor 运行。

（7）最终的计算结果会回到 Driver 节点进行汇总并输出（如 reduceByKey）。

针对这个过程，我们可以从微观和宏观两个角度把控，将 RDD 的操作依赖关系，以及 Task 在集群间的分配情况综合起来看，如图 3.7 所示。

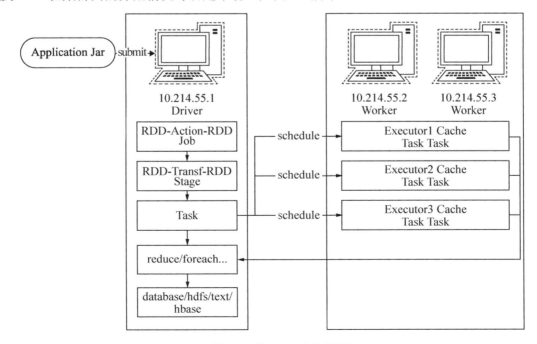

图 3.7 从 RDD 看集群调度

图 3.7 中涉及的 Action、Stage 及 Executor 等概念，在第 2.2 节中已详细介绍，这里不再赘述。

3.6 RDD 持久化（Cachinng/Persistence）

前面几节介绍了 RDD 的各种细节，本节将介绍 Spark 赋予 RDD 的另一个特性，即持久化（Persisting/Cache）。这个概念其实很好理解，我们在前文中介绍过 RDD 通过转换操作（Transformation）会形成有向无环图，之后 Action 操作会激活真实的计算。

如果我们持久化一个 RDD，其每个节点的各个分支（partition）会将计算结果保存在内存中，并可以将其用在其他 Action 操作中，也就是说我们只需计算一次 RDD，在将来有 Action 操作需要再次用到该 RDD 的时候，速度会更加快（通常超过 10 倍）。将 RDD 持久化在迭代算法和快速交互场景中可以起到关键作用。

我们可以通过 rdd.persist()或者 rdd.cache()方法将一个 RDD 标记为持久化，一旦一个 RDD 通过 Action 操作激活计算后，其就会保存在节点的内存中。并且 Spark 的缓存机制是有容错性的，即如果一个 RDD 的某个分支（Partition）丢失，它会自动根据之前创建的转换操作重新计算。

此外，可以使用不同的存储级别（storage level）对 RDD 进行持久化，在节点之间复制。例如，可以将一个数据集持久化在硬盘或者内存，就像 Java 当中对对象的序列化（serialized）一样。在调用 persist 方法时，我们可以传递存储级别参数来进行设置，而 cache 方法会使用默认的存储级别 StorageLevel.MEMORY_ONLY（在内存中保存和反序列化对象）。所有的存储级别如表 3.2 所示。

表 3.2 RDD持久化的不同存储级别

存储级别（Storage-Level）	说　　明
MEMORY_ONLY(default)	将RDD作为非序列化的Java对象存储在JVM中。如果RDD不适合存在内存中，一些分区将不会被缓存，从而在每次需要这些分区时都需重新计算它们。这是系统默认的存储级别
MEMORY_AND_DISK	将RDD作为非序列化的Java对象存储在JVM中。如果RDD不适合存在内存中，将这些不适合存在内存中的分区存储在磁盘中，每次需要时读出它们
MEMORY_ONLY_SER (Java and Scala)	将RDD作为序列化的Java对象存储（每个分区一个byte数组）。这种方式比非序列化方式更节省空间，特别是用到快速的序列化工具时，但是会更耗费CPU资源
MEMORY_AND_DISK_SER (Java and Scala)	和MEMORY_ONLY_SER类似，但不是在每次需要时重复计算这些不适合存储到内存中的分区，而是将这些分区存储到磁盘中
DISK_ONLY	仅仅将RDD分区存储到磁盘中

（续）

存储级别（Storage-Level）	说　　明
MEMORY_ONLY_2, MEMORY_AND_DISK_2,etc.	和上面的存储级别类似，但是复制每个分区到集群的两个节点上面
OFF_HEAP(experimental)	以序列化的格式存储RDD到离线堆内存中（OFF_HEAP Memory），要求OFF_HEAP Memory是可用的。相对于MEMORY_ONLY_SER，OFF_HEAP减少了垃圾回收的花费，允许更小的执行者共享内存池。这使其在拥有大量内存的环境下或者多并发应用程序的环境中具有更强的吸引力

> **注意**：当通过 Python 使用 Spark 时，所有需要存储的对象都会由 Pickle 库来完成序列化，所以对于 Python 版本序列化级别（serialized level）是无关紧要的。Python 中可选择的存储级别（storage level）包括：MEMORY_ONLY、MEMORY_ONLY_2、MEMORY_AND_DISK、MEMORY_AND_DISK_2、DISK_ONLY 和 DISK_ONLY_2。

另外，即使用户没有调用 persist 函数，Spark 也会自动将 Shuffle 操作的一些中间数据进行持久化（如 reduceByKey）。这主要是为了防止在 Shuffle 操作期间，当一个节点失败时导致全局的重新计算。对于需要反复使用的 RDD 结果，最好利用 persist 操作将其持久化，从而避免重复计算。

关于如何选择存储级别，需要权衡内存消耗和 CPU 效率，主要从以下几点来考虑：

- 如果在默认的存储级别（MEMORY_ONLY）满足要求的情况下，就不要切换，因为这是 CPU 的最高效形式，可以使得 RDD 操作尽可能地快速执行。
- 如果不能满足要求，那么尝试 MEMORY_ONLY_SER，并且选取一个高效的序列化库使得对象能够在空间合理、高效访问的前提下被序列化（只能在 Java 和 Scala 中使用）。
- 除非计算 RDD 的花费较大或者它们需要过滤大量的数据，不要将 RDD 存储到磁盘上（DISK），否则，重复计算一个分区就和从磁盘上读取数据一样慢。
- 如果希望更快的错误恢复（如将 Spark 用来服务一个 Web 应用的请求），可以利用重复（replicated）存储级别。所有的存储级别都可以通过重复计算丢失的数据来支持完整的容错，但是重复的数据能够使我们在 RDD 上继续运行任务，而不需要重复计算丢失的数据。

Spark 会自动监视每个节点的缓存使用情况，并且根据最近最久未使用（LRU least-recently-used）原则来删除旧的数据分支。如果希望手动将 RDD 从缓存中移除，可以使用 RDD.unpersist 方法。

3.7　共享变量

通过前面的介绍,我们知道Spark是多机器集群部署的,分为Driver、Master和Worker。

Master 负责资源调度，Worker 是不同的运算节点，由 Master 统一调度，而 Driver 是我们提交 Spark 程序的节点，并且所有的 reduce 类型的操作都会汇总到 Driver 节点进行整合。

节点之间会给每个节点传递一个 map、reduce 等操作函数的独立副本，这些变量也会被复制到每台机器上，而节点之间的运算是相互独立的。当我们利用 RDD 操作（如 map、reduce）在远程节点执行一个功能函数时，其会在该节点开辟一块单独的变量空间供函数使用。

这些变量会被复制到每一台机器上，并且当变量发生改变时，并不会同步传播回 Driver 程序。如果进行通用支持，任务间的读写共享变量需要大量的同步操作，这会导致低效。所以，Spark 提供了两种受限类型的共享变量用于两种常见的使用模式：广播变量和累加器。

3.7.1　累加器（Accumulator）

顾名思义，累加器是一种只能通过关联操作进行"加"操作的变量，因此它能够高效地应用于并行操作中。累加器能够用来实现对数据的统计和求和操作。Spark 原生支持数值类型的累加器，开发者可以自己添加支持的类型，在 2.0.0 之前的版本中，通过继承 AccumulatorParam 来实现，而 2.0.0 之后的版本需要继承 AccumulatorV2 来实现自定义类型的累加器。

如果创建了一个具体名称的累加器，它可以在 Spark 的 UI 中显示。这对于理解运行阶段（running stages）的过程有很重要的作用，如图 3.8 所示。

Accumulators							
Accumulable						Value	
counter						45	

Tasks									
Index ▲	ID	Attempt	Status	Locality Level	Executor ID / Host	Launch Time	Duration	GC Time	Accumulators	Errors
0	0	0	SUCCESS	PROCESS_LOCAL	driver / localhost	2016/04/21 10:10:41	17 ms			
1	1	0	SUCCESS	PROCESS_LOCAL	driver / localhost	2016/04/21 10:10:41	17 ms		counter: 1	
2	2	0	SUCCESS	PROCESS_LOCAL	driver / localhost	2016/04/21 10:10:41	17 ms		counter: 2	
3	3	0	SUCCESS	PROCESS_LOCAL	driver / localhost	2016/04/21 10:10:41	17 ms		counter: 7	
4	4	0	SUCCESS	PROCESS_LOCAL	driver / localhost	2016/04/21 10:10:41	17 ms		counter: 5	
5	5	0	SUCCESS	PROCESS_LOCAL	driver / localhost	2016/04/21 10:10:41	17 ms		counter: 6	
6	6	0	SUCCESS	PROCESS_LOCAL	driver / localhost	2016/04/21 10:10:41	17 ms		counter: 7	
7	7	0	SUCCESS	PROCESS_LOCAL	driver / localhost	2016/04/21 10:10:41	17 ms		counter: 17	

图 3.8　累加器展示图

Spark 内置了数值型累加器，一个数值累加器可以由 SparkContext.longAccumulator() 或者 SparkContext.doubleAccumulator() 函数来创建，分别累加 Long 型或 Double 型数据。

之后节点上的任务可以利用 add 方法进行累加操作，但是它们并不能读取累加器的值。只有 Driver 程序能够通过 value 方法读取累加器的值，其具体使用方式如下：

```
scala> val accum = sc.longAccumulator("My Accumulator")
accum: org.apache.spark.util.LongAccumulator = LongAccumulator(id: 0,
name: Some(My Accumulator), value: 0)

scala> sc.parallelize(Array(1, 2, 3, 4)).foreach(x => accum.add(x))
...
10/09/29 18:41:08 INFO SparkContext: Tasks finished in 0.317106 s

scala> accum.value
res2: Long = 10
```

上面所述的代码是使用了累加器的内建支持类型 Long，当然也可以通过集成 AccumulatorV2 的方式来创建支持我们自定义类型的累加器。

AccumulatorV2 是一个包含一些方法的抽象类，其中一些方法必须被覆写：reset 方法使得累加器能够被重置为 0，add 方法即添加另一个值到累加器中，merge 方法能够将另一个同类型累加器整合到当前累加器中。

另外，其他必须覆写的方法可以参考 API 文档。这里我们参考官网的一个例子。假设有一个 MyVector 类型，表示数学中的向量，可以用以下方式来声明 MyVector 累加器：

```
class VectorAccumulatorV2 extends AccumulatorV2[MyVector, MyVector] {
  // 创建全 0 向量
  private val myVector: MyVector = MyVector.createZeroVector
  // 重置操作
  def reset(): Unit = {
    myVector.reset()
  }
  // 向量相加
  def add(v: MyVector): Unit = {
    myVector.add(v)
  }
  ...
}
// 创建向量类型的累加器
val myVectorAcc = new VectorAccumulatorV2
// 将累加器注册到 Spark 上下文中
sc.register(myVectorAcc, "MyVectorAcc1")
```

值得一提的是，对于自定义类型的累加器，我们可以设置不同于相加元素的输出元素。

累加器只有在 Action 操作中才会被更新，Spark 保证每个任务对于累加器的更新只会执行一次，如重新启动任务并不会更新累加器的值。在 Transformation 操作中，如果 Task、Job 或 Stages 被重新执行（根据计算图重新计算结果），那么累加器的更新有可能被执行多次。

我们知道，Transformation 会建立计算图，只有 Action 操作才会触发真正的计算，累加器也同样遵循这个懒惰（lazy）原则，即如果只在 Transformation 操作中调用累加器，其结果并不会改变，示例如下：

```
// 创建 long 型累加器
val accum = sc.longAccumulator
// 在 map 操作内累加器进行累加
data.map { x => accum.add(x); x }
// 由于没有任何 Action 操作，所以 map 操作并没有被执行，accum 值还是 0
```

🔔 **特别注意**：上文中关于累加器的使用只适合于 Spark 2.0.0 之后的版本，在此之前的版本中，累加器的声明方式如下：

```
scala> val accum = sc.accumulator(0, "My Accumulator")
accum: spark.Accumulator[Int] = 0
scala> sc.parallelize(Array(1, 2, 3, 4)).foreach(x => accum += x)
...
10/09/29 18:41:08 INFO SparkContext: Tasks finished in 0.317106 s
scala> accum.value
res2: Int = 10
```

这点在使用不同版本的 Spark 时要特别注意，因为在 Spark 2.0.0 之后的版本 API 接口有了很大变化。

3.7.2 广播变量（Broadcast Variables）

累加器比较简单、直观，如果需要在 Spark 中进行一些全局统计就可以使用它。但是有时候仅仅一个累加器并不能满足需求，比如数据库中一份公共配置表格，需要同步给各个节点进行查询。我们先来简单介绍 Spark 中的广播变量。

广播变量允许程序员在每台机器上缓存一个只读的变量，而不是每个任务保存一份拷贝。例如，利用广播变量，我们能够以一种更有效的方式将一个大数据量输入集合的副本分配给每个节点。Spark 也尝试着利用有效的广播算法去分配广播变量，以减少通信的成本。

一个广播变量可以通过调用 SparkContext.broadcast(v)方法从一个初始变量 v 中创建。广播变量是 v 的一个包装变量，它的值可以通过 value 方法访问，下面的代码说明了这个过程：

```
scala> val broadcastVar = sc.broadcast(Array(1, 2, 3))
broadcastVar: org.apache.spark.broadcast.Broadcast[Array[Int]] = Broadcast(0)

scala> broadcastVar.value
res0: Array[Int] = Array(1, 2, 3)
```

从以上代码可以看出，广播变量的声明很简单，调用 broadcast 就能完成，并且 scala 中一切可序列化的对象都是可以进行广播的。这就给了我们很大的想象空间，可以利用广播变量将一些经常访问的大变量进行广播，而不是每个任务保存一份，这样可以减少资源上的浪费。在后续章节中可以看到对广播变量的具体应用。

3.8 实例——Spark RDD 操作

2.2 节中提到过，将两个文本文件分别包含用户名、地址，以及用户名、电话，对这两个文件利用 Spark RDD 分别进行了多种操作，在本章介绍完所有的 RDD 操作类型及 RDD 的依赖后，我们将实现这个实例。建议读者在读到这里后，也跟着笔者一步步实现这个实例，加深对 Spark 分布式系统的理解，为后续第 3 篇的 Spark Streaming 案例实战打下基础，下面我们一步步开始实现。

读者首先翻到之前的第 2 章，回顾一下图 2.3 中对 Spark RDD 的多个操作流程，程序中的代码与图 2.3 是完全对应的。同样，我们需要先在 scala-eclipse 中建立一个 simple-maven 项目，这里与 2.4 节实例类似，此处不再赘述。

在本实例中，我们需要用到 Spark，以及一些输出日志的依赖包，另外需要通过 Maven 插件将所有代码依赖打包成一个完整的 jar 包并上传到 Spark 集群中运行，Maven 的依赖项如下：

```xml
<groupId>com</groupId><!--组织名-->
<artifactId>rddOperation</artifactId><!--项目名-->
<version>0.1</version><!--版本号-->
<dependencies>
 <dependency> <!--Spark 核心依赖包 -->
  <groupId>org.apache.spark</groupId>
  <artifactId>spark-core_2.11</artifactId>
  <version>2.2.0</version>
  <scope>provided</scope><!--运行时提供，打包不添加，Spark 集群已自带-->
 </dependency>
 <dependency><!--Log 日志依赖包 -->
  <groupId>log4j</groupId>
  <artifactId>log4j</artifactId>
  <version>1.2.17</version>
 </dependency>
 <dependency><!--日志依赖接口-->
  <groupId>org.slf4j</groupId>
  <artifactId>slf4j-log4j12</artifactId>
  <version>1.7.12</version>
 </dependency>
</dependencies>
```

关于打包的插件项及配置如下，注意对 mainClass 的修改：

```xml
<build>
 <plugins>
   <!--混合 Scala/Java 编译-->
   <plugin><!--Scala 编译插件-->
   <groupId>org.scala-tools</groupId>
   <artifactId>maven-scala-plugin</artifactId>
```

```xml
     <executions>
      <execution>
       <id>compile</id>
       <goals>
        <goal>compile</goal>
       </goals>
       <phase>compile</phase>
      </execution>
      <execution>
       <id>test-compile</id>
       <goals>
        <goal>testCompile</goal>
       </goals>
       <phase>test-compile</phase>
      </execution>
      <execution>
       <phase>process-resources</phase>
       <goals>
        <goal>compile</goal>
       </goals>
      </execution>
     </executions>
    </plugin>
    <plugin>
     <artifactId>maven-compiler-plugin</artifactId>
     <configuration>
      <source>1.7</source><!--设置Java源-->
      <target>1.7</target>
     </configuration>
    </plugin>
    <!-- for fatjar -->
    <plugin><!--将所有依赖包打入同一个jar包-->
     <groupId>org.apache.maven.plugins</groupId>
     <artifactId>maven-assembly-plugin</artifactId>
     <version>2.4</version>
     <configuration>
      <descriptorRefs>
       <descriptorRef>jar-with-dependencies</descriptorRef><!--jar包的后缀名-->
      </descriptorRefs>
     </configuration>
     <executions>
      <execution>
       <id>assemble-all</id>
       <phase>package</phase>
       <goals>
        <goal>single</goal>
       </goals>
      </execution>
     </executions>
    </plugin>
    <plugin>
     <groupId>org.apache.maven.plugins</groupId>
```

```xml
      <artifactId>maven-jar-plugin</artifactId>
      <configuration>
       <archive>
        <manifest>
         <!--添加类路径-->
         <addClasspath>true</addClasspath>
         <!--设置程序的入口类-->
         <mainClass>sparkstreaming_action.rdd.operation.RDDOperation
       </mainClass>
        </manifest>
       </archive>
      </configuration>
     </plugin>
    </plugins>
</build>
```

在配置好依赖项后,新建一个 package,命名为 sparkstreaming_action.rdd.operation,之后在该包下新建一个 Scala Object,命名为 RDDOperation,完成后如图 3.9 所示。

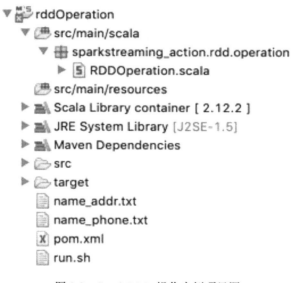

图 3.9　Spark RDD 操作实例项目图

现在进入 RDDOperation 文件,编写本次实例的代码,具体代码如下:

```scala
package sparkstreaming_action.rdd.operation

import org.apache.spark.SparkConf
import org.apache.spark.SparkContext

object RDDOperation extends App {
  // Spark 配置项
  val conf = new SparkConf()
    .setAppName("rddOperation")
```

```scala
    .setMaster("spark://127.0.0.1:7077")
  // 创建 Spark 上下文
  val sc = new SparkContext(conf)
  // 文件名，读者可根据自己的路径进行修改
  val txtNameAddr = "name_addr.txt"
  val txtNamePhone = "name_phone.txt"
  // 读入用户地址文件，并按照格式切分，得到对应 RDD
  val rddNameAddr = sc.textFile(txtNameAddr).map(record => {
    val tokens = record.split(" ")
    (tokens(0), tokens(1))
  }) // RDD1
  rddNameAddr.cache
  // 读入用户电话文件，切分后得到对应的 RDD
val rddNamePhone = sc.textFile(txtNamePhone).map(record => {
    val tokens = record.split(" ")
    (tokens(0), tokens(1))
  }) // RDD2
  rddNamePhone.cache
  // 以用户名的 key 进行 join 操作
  val rddNameAddrPhone = rddNameAddr.join(rddNamePhone) // RDD 3
  // 对用户电话 RDD 进行 HTML 格式变化，产生新的 RDD
  val rddHtml = rddNameAddrPhone.map(record => {
    val name = record._1
    val addr = record._2._1
    val phone = record._2._2
    s"<h2>姓名：${name}</h2><p>地址：${addr}</p><p>电话：${phone}</p>"
  }) // RDD4
  // 输出操作
  val rddOutput = rddHtml.saveAsTextFile("UserInfo")
  // 根据地址格式得到邮编 RDD
  val rddPostcode = rddNameAddr.map(record => {
    val postcode = record._2.split("#")(1)
    (postcode, 1)
  }) // RDD5
  // 汇总邮编出现次数
  val rddPostcodeCount = rddPostcode.reduceByKey(_ + _) // rdd6
  // 打印结果
rddPostcodeCount.collect().foreach(println)
  sc.stop
}
```

在上面的实例中，根据 RDD 所包含的数据对变量进行命名，同时在注释中清晰地注释了 RDD 1、RDD2 等，对应了图 2.3 中的每个 RDD。我们首先从包含用户名、地址的文件和包含用户名、电话的两个文本文件中读入两个 RDD，并在读入的过程中，分别对数据记录进行了预处理，将记录切分成了 key/value 的形式，即产生了 RDD1 和 RDD2，其中 key 是用户名，而 value 分别是地址和电话。

然后通过 join 操作，将 RDD1 和 RDD2 两者利用 key 值合并在一起，并通过 map 函数将其映射成为 HTML 标签字符串的 RDD4，最后通过 saveAsTextFile 输出到外部文件中。

另一方面，将 RDD1 中的地址，利用地址中的#符号进行切割，得到邮编，并以(邮编,1)

的 key/value 形式返回得到 RDD5，通过 reduceByKey 操作，合并 key 值相同的记录，最后利用 collect 操作将所有记录收集到 Driver 节点，并利用 println 函数打印输出。

我们构造两个模拟数据 name_addr.txt 和 name_phone.txt，作为整个程序的输入，观察程序的效果，文件如下：

```
$ cat name_addr.txt
bob shanghai#200000
amy beijing#100000
alice shanghai#200000
tom beijing#100000
lulu hangzhou#310000
nick shanghai#200000

$ cat name_phone.txt
bob 15700079421
amy 18700079458
alice 17730079427
tom 16700379451
lulu 18800074423
nick 14400033426
```

在 name_addr.txt 文件中，利用空格将用户名和地址隔开，而地址使用#将城市和邮编隔开；在 name_phone.txt 文件中，利用空格将用户名和电话隔开。

利用 mvn clean install 命令对整个项目进行编译后，通过如下命令运行整个代码：

```
$ {your_path}/spark-2.2.0-bin-hadoop2.7/bin/spark-submit \
--class sparkstreaming_action.rdd.operation.RDDOperation \
--num-executors 4 \
--driver-memory 1G \
--executor-memory 1g \
--executor-cores 1 \
--conf spark.default.parallelism=1000 \
target/rddOperation-0.1-jar-with-dependencies.jar
```

执行上述命令运行结束后，我们可以看到命令行打印出如下结果：

```
(100000,2)
(200000,3)
(310000,1)
```

观察上面的输入文件，上海 3 人、北京 2 人、杭州 1 人，是符合预期的。另外，项目根目录会产生一个 UserInfo 文件夹，进入该文件夹会发现有大量的输出，除了有用的信息外，Spark 还输出了大量空文件，可以利用如下命令，查看所有的文件内容：

```
$ cat *
<h2>姓名：tom</h2><p>地址：beijing#100000</p><p>电话：16700379451</p>
<h2>姓名：alice</h2><p>地址：shanghai#200000</p><p>电话：17730079427</p>
<h2>姓名：nick</h2><p>地址：shanghai#200000</p><p>电话：14400033426</p>
<h2>姓名：lulu</h2><p>地址：hangzhou#310000</p><p>电话：18800074423</p>
<h2>姓名：amy</h2><p>地址：beijing#100000</p><p>电话：18700079458</p>
<h2>姓名：bob</h2><p>地址：shanghai#200000</p><p>电话：15700079421</p>
```

与上面的输入文件进行对比可以发现，join 操作已经将 key 值相同的用户名整合在一起，也按照我们的预期，将 HTML 代码拼接好，输出到外部文件中。

3.9 本章小结

- RDD 是 Spark 内部的一种数据结构，用于记录分布式数据。
- RDD 的核心属性有 5 个，其中并发量的大小由 partition 决定。
- RDD 由数据源或者其他 RDD 通过 Transformation 产生，会形成一张完整的依赖图。
- Transformation 操作不会触发真正的计算，只有当调用了 Action 方法时，Spark 才会根据依赖图分配集群资源进行运算。
- 窄依赖和宽依赖的主要区别点在于，子 RDD 的 partition 与父 RDD 的 partition 间的依赖关系。
- RDD 持久化根据不同的场景可以采取不同的持久化级别，通常情况下使用默认的 MEMORY-ONLY 即可。
- Spark 提供了两种受限的共享变量，即广播变量和累加器。广播变量是一个只读变量，累加器只有在 Driver 节点可读而其他节点只写，另外需注意使用 Spark 版本的 API 不同。
- 最后我们利用一个小实例实现了 2.2 节中提到的例子，并对整章介绍的各种 Transformation 和 Action 进行了重温和实战演练。建议读者自己动手多尝试，在 3.8 节实例的基础上尝试更多操作，理解大数据编程的特点和蕴含的逻辑。

第 2 篇
Spark Streaming 详解

- 第 4 章　Spark Streaming 编程模型及原理
- 第 5 章　Spark Streaming 与 Kafka
- 第 6 章　Spark Streaming 与外部存储介质
- 第 7 章　Spark Streaming 调优实践

第 4 章 Spark Streaming 编程模型及原理

从本章开始，我们将进入 Spark Streaming 的环节。前面关于 Spark 的几章内容为我们了解和掌握 Spark Streaming 提供了必要的基础知识。

第 3 章中介绍了 Spark 内部的编程模型，以及应用程序在提交到集群后的运行过程。为了更好地掌握后续的 Spark Streaming 实战部分内容，本章将在 Spark 的基础上对 Spark Streaming 的编程模型及一些基本原理进行详细介绍。

4.1 DStream 数据结构

在 1.2 节中，我们介绍了流式处理的两种分类，知道 Spark Streaming 属于微批处理（micro batch）方式的解决方案，而这个 batch 就是由 Spark Streaming 中的 DStream 数据结构来刻画的。

离散数据流（Discretized Stream or DStream）是 Spark Streraming 中最基本的抽象数据结构，它代表了连续的流式数据。与 RDD 类似，DStream 有两种产生方式，一种是从源头获取的输入数据，另一种则是对源数据经过转换处理后产生的。

而实际上，DStream 的本质是由一系列 RDD 构成的，每个 RDD 中保存了一个确定时间间隔内的数据，如图 4.1 所示。

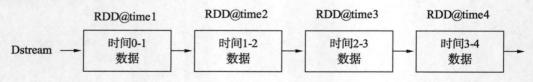

图 4.1 DStream 与 RDD 关系图

任何作用在 DStream 上的操作，最终都会作用在其内部的 RDD 上，但是这些操作是由 Spark 来完成的。Spark Streaming 已封装好了更加高层的 API 函数，我们只需要直接对 DStream 进行操作转换，其内部 RDD 转换的细节并不需要过多关心。

4.2 DStream 操作

与 RDD 类似，Spark Streaming 在 DStream 的抽象结构上也为我们提供了丰富的 API 操作。我们可以通过转移操作从源 DStream 产生一个新的 DStream，也可以将结果中的 DStream 通过输出操作保存到外部存储介质中。

产生 DStream 的方式：一种是从外部源输入得到新的 DStream，另一种是从其他 DStream 转移而来。本节我们就 DStream 的两种操作展开阐述。

4.2.1 DStream Transformation 操作

与 RDD 的 Transformation 类似，DStream 的转移操作也不会触发真正的计算，只会记录整个计算流程。这点在编程的时候一定注意，如果发现程序提交到 Spark 集群后并没有任何反应，可以检查一下有没有输出操作来触发真正的计算。

- map(fun)：由源 DStream 中的每个元素经过 func 计算后得到一个新的 DStream。
- flatMap(func)：与 map 类似，但是每个输入项可以映射到 0 或者多个输出项。
- filter(func)：返回一个新的 DStream，其仅仅包含源 DStream 中通过 func 返回 true 的元素。
- repartition(numPartitions)：通过创建或者减少 partition 的数量，来改变 DStream 的并行度（这个函数在 Spark Streaming 调优的时候经常用到，我们可以通过改变 partition 的数量充分利用集群资源，增大并行度）。
- union(otherStream)：将源 DStream 和另一个 DStream 内的元素联合，生成一个新的 DStream 并返回。
- count()：计算源 DStream 中每个 RDD 包含的元素数量，并返回以单元素为内容的 RDDs 的新 DStream。
- reduce(func)：将源 DStream 中的每个 RDD 利用传入的函数 func 进行聚合，生成一个包含单元素 RDDs 的新 DStream。其中 func 函数接受两个参数并返回一个值（就像一个序列两两合并，最后合并成一个单一值作为输出一样），并且应当是独立可交换的，这样可以并行执行。
- countByValue()：对于元素类型为 K 的 DStream，统计每个 RDD 中的每个 Key 出现的频率，构成(K,Long)新 DStream 并返回。
- reduceByKey(func,[numTasks])：该操作需用在一个以键值对（K, V）为类型的 DStream 上，reduceByKey 操作会将 Key 相同的 Value，利用传入的 func 函数聚合起来，生成一个同样以(K,V)为类型聚合过后的 DStream。另外，参数中可以通过传入任务数来指定该操作的并发任务数，默认按照 Spark 配置。

- join(otherStream, [numTasks])：该操作应用于两个键值对类型的 DStream，只不过 Key 类型一致但 Value 类型不同（一个包含（K,V）对,一个包含(K,W)对），会新生成一个包含(K, (V, W))对的新 DStream，同样可以传入任务数。
- cogroup(otherStream, [numTasks])：与 join 操作类似，也是应用于键一致但值不同的两个 DStream（一个包含（K,V）对，一个包含(K,W)对），不同的是会将两者的 Value 组成 Seq，新生成一个包含(K, Seq[V], Seq[W])的 DStream，同样可以传入任务数。
- transform(func)：该操作允许直接操作 DStream 内部的 RDD，通过对源 DStream 中的 RDD 应用 func（RDD 到 RDD）函数，创建一个新的 DStream。注意这里可以直接对 DStream 内部的每个 RDD 进行操作，我们可以直接使用一些 DStream 没有暴露出来的 RDD 接口，在某些场景非常有用。
- updateStateByKey(func)：返回一个新状态（state）的 DStream，其每个 Key 的状态由给定的 func 函数根据先前状态的 Key 和 Key 的新值计算而来，每个 Key 的数据可以用来保存任何状态的数据类型（通常情况下流式计算是无状态的顺序计算方式，这个函数为我们提供了一种记录状态的可能，比如累加网站的点击量的实例，就可以使用该函数很方便地实现）。

下面对其中的一些 Transformation 操作进行更详细的说明。

1. UpdateStateByKey操作

这是一个非常独特的操作，为什么这么说呢？通过前面的介绍我们知道流式处理本身是无状态的,那么 Spark Streaming 中如何记录更新一种状态呢？我们可以利用外部存储介质或者利用累加器来实现，而 UpdateStateByKey 就是专门用于这项工作，可以利用这个操作，根据新的信息流持续地更新任意状态，使用它的方式需要以下两步。

（1）定义状态（state）：该状态可以是任意数据类型。

（2）定义状态更新函数（update function）：我们需要制定一个函数，根据先前的状态和数据流中新的数据值来更新状态值。

在每一个 batch，无论是否有 Key 对应的新数据，Spark 都会根据所有存在的 Key 来执行更新函数，如果更新函数返回 None，则会销毁对应的 key-value 对。

下面举一个官网中的例子，假设需要对文本数据流进行词频统计，词频数量便是状态值，其是一个整数类型，更新函数定义如下：

```
def updateFunction(newValues: Seq[Int], runningCount: Option[Int]): Option
[Int] = {
val newCount = ...                    //将新的值加在先前统计值上得到新的统计值
// 以 Option 包装，Scala 中防止空异常的方式
    Some(newCount)
}
```

我们将这个更新函数应用在一个包含词语的文本 DStream 中（如 Dstream 形式(word,1)

的 key-valu 对）：

```
val runningCounts = pairs.updateStateByKey[Int](updateFunction _)
```

对于每一个词，更新函数都会执行，使用 newValues 会得到序列中的第一个键值对，使用 runningCount 可以得到先前的统计值。

🔔 **特别注意**：使用 updateStateByKey 需要配置 checkpoint，这个将在后面详细介绍。

2. Transform 操作

前面说过，我们可以利用 Transform 操作对 DStream 中的 RDD 执行任何 RDD 到 RDD 的操作，包括 DStream 中未暴露出来的 API 接口。

假设不同数据流在每个 batch 上的特定函数并没有由 DStream 暴露出来，我们可以利用 Transform 函数来实现调用 RDD 的操作函数。例如我们可以通过连接输入数据和预先计算好的垃圾数据进行过滤，来做实时的数据清理，代码如下：

```
val spamInfoRDD = ssc.sparkContext.newAPIHadoopRDD(...) //RDD 包含垃圾信息
val cleanedDStream = wordCounts.transform { rdd =>
  rdd.join(spamInfoRDD).filter(...)
                          //将包含垃圾信息的数据流 join 在一起进行数据清理
  ...
}
```

🔔 **特别注意**：传入的函数会在每个时间间隔（interval）的 batch 中被执行，这允许我们做不同时间段的 RDD 操作，也就是说 RDD 操作、分支（partitions）数量及广播变量等都可在 batch 间进行改变。

3. Window 操作

Spark Streaming 还提供了基于窗口的计算，允许我们在滑动窗口数据上进行 Transformation 操作，如图 4.2 所示。

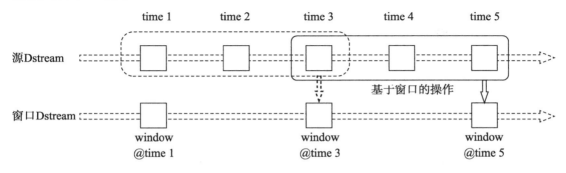

图 4.2　window 操作示意图

从图 4.2 中可以看出，在原始 DStream 上，窗口每滑动一次，在窗口范围内的 RDDs 就会结合、操作，形成一个新的基于窗口的 DStream（windowed DStream），这个过程涉及下面两个参数，下面具体说明。

- 窗口长度（window length）：窗口的持续时长（图中为 3）。
- 滑动间隔（sliding interval）：执行窗口操作的时间间隔（图中为 2）。

上面两个参数必须乘以源 DStream 的批间隔（batch interval）（图中为 1）。

这里再举一个 window 操作的例子，假设我们在进行词频统计操作，源 DStream 是（word，1）这样的数据对，我们想要计算过去 30s 中每 10s 的词频数量，就可以利用 reduceByKeyAndWindow 操作，代码如下（后面会进行更加详细的例子说明）：

```
// 将过去 30s 的数据，以每 10s 为间隔进行 Reduce 整合
val windowedWordCounts = pairs.reduceByKeyAndWindow((a:Int,b:Int) => (a + b), Seconds(30), Seconds(10))
```

除了上面用到的 reduceByKeyAndWindow(func,windowLength, slideInterval, [numTasks]) 操作，还有 countByValueAndWindow(windowLength, slideInterval, [numTasks]) 等操作，这里不再赘述。

4．join 操作

最后再讲一下 Spark Streaming 中各种数据间的 join 操作。

（1）Stream-Stream join 操作

我们可以很容易将两个 DStream 进行拼接（join），代码如下：

```
val stream1: DStream[String, String] = ...
val stream2: DStream[String, String] = ...
val joinedStream = stream1.join(stream2)
```

在每个批间隔（batch interval）中，Stream1 中的 RDD 会被拼接到 Stream2 中产生的 RDD，我们也可以使用 leftOuterJoin、rightOuterJoin 和 fullOuterJoin。而且如果把 join 操作和 window 操作结合起来，也可以有很好的应用，代码如下：

```
val windowedStream1 = stream1.window(Seconds(20))
val windowedStream2 = stream2.window(Minutes(1))
val joinedStream = windowedStream1.join(windowedStream2)
```

（2）Stream-dataset join 操作

这里举一个拼接窗口聚合后的数据流和一个数据集的例子：

```
val dataset: RDD[String, String] = ...
val windowedStream = stream.window(Seconds(20))...
val joinedStream = windowedStream.transform { rdd => rdd.join(dataset) }
```

这里的 dataset 是 RDD 数据类型，在前面介绍 Transform 时我们提到 DStream 的 Transform 操作使我们能够直接操作 DStream 内部的 RDD，所以可以利用上述操作将二者拼接起来。

4.2.2 DStream 输出操作

当我们将流式数据处理完成后,输出操作(Output operation)使得我们可以将 DStream 中的数据保存到外部系统中,如数据库或者文件系统。与 RDD 中的 Action 操作类似,DStream 中只有输出操作才会触发 DStream 的转移操作(Transformation)。

- print():打印在 Driver 节点运行的流式应用中,每个 DStream 的每批数据中的前 10 条元素,通常我们会利用该操作进行开发和调试,另外,在 Python API 中需要调用 pprint()。
- saveAsObjectFiles(prefix, [suffix]):将 DStream 中的内容以 Java 序列化对象的序列化文件进行存储,每个批间隔生成的文件基于传入的 prefix 和 suffix 而确定,形如 prefix-TIME_IN_MS[.suffix](由于用到了 Java 序列化,Python 中是不支持该操作的)。
- saveAsTextFiles(prefix, [suffix]):将 DStream 中的内容保存为一个文本文件。每个批间隔生成的文件基于传入的 prefix 和 suffix 来确定名字,形如 prefix-TIME_IN_MS[.suffix]。
- saveAsHadoopFiles(prefix, [suffix]):将 DStream 中的内容保存为一个 Hadoop 文件,输出到 HDFS 上。每个批间隔生成的文件基于 prefix 和 suffix 来确定名字,形如 prefix-TIME_IN_MS[.suffix](该操作 Python API 中不可用)。
- foreachRDD(func):非常通用的输出操作,会将传入的 func 函数应用在 DSteam 中的每个 RDD 上,通常 func 函数会将 RDD 中的数据输出到外部系统中,如文件系统、数据库等。值得注意的是 func 函数通常会运行在 Driver 中,并且由于 Spark 是惰性的,func 需要包含 Action 操作,以此推动整个 RDDs 的运算。(在实际生产环境中,这个操作是常用到的,我们可以利用该函数将 DStream 中的数据按照需要的方式,输出到指定外部系统中,如 MySQL、Redis、HBase、文件等,后续章节中会详细介绍)。

4.3 Spark Streaming 初始化及输入源

前面介绍了 Spark Streaming 的内部运行原理,以及与 RDD 类似的操作 DStream 的高阶 API,本节我们将对如何使用 Spark Streaming 进行详细介绍。

4.3.1 初始化流式上下文(StreamingContext)

在运行 Spark 应用时,我们需要初始化 SparkContext,当然,在 Spark Streaming 应用

中，我们也需要初始化一个 StreamingContext，而 StreamingContext 是我们与 Spark Streaming 功能进行结合交互的主要切入点。一个 StreamingContext 对象可以创建自一个 SparkConf 对象，以 Scala 为例，其初始化的过程如下：

```
import org.apache.spark._
import org.apache.spark.streaming._
// Spark 配置
val conf = new SparkConf().setAppName(appName).setMaster(master)
// 建立流式上下文
val ssc = new StreamingContext(conf, Seconds(1))
```

代码中的 appName 是应用的名称，会显示在集群的 UI 界面。Master 是一个 Spark、Mesos 或者 Yarn 集群的 URL，也可以是 "local[*]" 字符串，表示其运行在本地模式。这些与我们初始化 SparkContext 非常类似，而且利用 ssc.sparkContext 我们可以创建 SparkContext，用来使用 Spark 的功能点。

代码中与 Spark 初始化不同的是在 StreamingContext 的构造函数中有 Seconds 参数，这就是前面提到的 interval，即每一个 batch 的时间间隔，这个时间间隔需要根据实际应用的延迟（latency）来设定（通过网页 UI 可以观察到），这点在后续章节会进一步介绍。

除了上述依赖于 SparkConf 来初始化 StreamingContext 外，我们还可以利用已有的 SparkContext 对象来初始化 StreamingContext，代码如下：

```
import org.apache.spark.streaming._
val sc = ...                                          //已建立的 SparkContext
val ssc = new StreamingContext(sc, Seconds(1))
```

在创建了上下文对象之后，还需要进一步创建输入 DStream 来指定输入数据源，下面具体介绍。

4.3.2 输入源及接收器（Receivers）

产生新 DStream 的方式与 RDD 类似，一种是从流式源直接产生，另一种便是从一个 DStream 通过 Transformation 产生新的 DStream。而对于 Spark Streaming 的输入源而言，总体来说有以下两大类的内建流式源。

- 基本数据源：这类数据源可以直接由 StreamingContext API 使用，如文件系统或者套接字连接（socket connections）。
- 高级数据源：像 Kafka、Flume、Kinesis 等数据源，需要使用额外的接口类，对于 Kafka 的使用，会在后续章节重点讲解。

如果我们想要接收多种数据源中的数据，需要创建对应的多种输入 DStreams。这会创建多个接收器（receivers）去同时接收多个数据源中的数据。有一点需要注意，Spark Streaming 应用的运行周期要远远大于 Spark 应用程序，有可能是几个月、几年，这些应用 worker/executor 会一直占用分配给它的资源，因此我们就需要注意预留足够的 CPU 核来处理接收到的数据及接收器本身。

当是本地 Local 模式时，由于是通过线程（thread）来模拟的，我们需要保证线程数要大于接收器的数量；如果是集群模式，要保证应用被分配到的 CPU 核数大于接收器的数量，否则会出现只能接收数据而无法处理数据的尴尬情况。

几种基本的数据源说明如下。

- Socket 文本数据流：通过 TCP 套接字连接接收文本数据产生 DStream。
- File 数据流：从文件或者任何兼容的文件系统（HDFS、S3、NFS 等）中读取数据产生 DStream。
- 用户自定义接收器的数据流：用户可以通过自定义接收器来产生 DStream。
- RDDs 队列（queue）作为数据流：在测试 Spark Streaming 应用时，可以将一系列 RDD，使用 streamingContext.queueStream(queueofRDDs)来产生 DStream，每个进入队列的 RDD，会被认为是 DStream 中的一批（batch）数据，会以流式的方式进行处理。

注意，不同于基本的数据源可以在 Spark Streaming 中直接利用自带的 API 接口直接使用，高级数据源是需要依赖额外的非 Spark 库的，在选用时要注意版本问题，几种高级数据源说明如下。

- Kafka：Spark Streaming 2.2.0 已经支持 Kafka broker 0.8.2.1 及以上版本。
- Flume：Spark Streaming 2.2.0 已经支持 Flume 1.6.0。
- Kinesis：Spark Streaming 2.2.0 已经支持 Kinesis 用户库 1.2.1 的版本。

在后续章节中会以 Kafka 为例，详细介绍。

4.4 持久化、Checkpointing 和共享变量

前面介绍了 Spark Streaming 中的抽象数据结构 DStream，本节将介绍 Spark Streaming 中的数据持久化，以及其提供的一种容错机制。

4.4.1 DStream 持久化（Caching/Persistence）

在 3.6 节我们了解了 Spark 中关于 RDD 如何将用户缓存在内存当中，与此类似，Spark Streaming 的 DStream 也可以利用 persist()方法实现将 DStream 中的每个 RDD 持久化在内存中。这种方式对于需要反复计算的 DStream 是非常有效的（如对相同的数据进行多重操作）。

对于基于窗口的操作如 reduceByWindow 和 reduceByKeyAndWindow，以及基于状态的操作如 updateStateByKey，它们本身就暗含了对同一数据进行多重操作的特性。因此，由基于窗口操作产生的 DStream，即使开发者不主动调用 persist()方法，DStreams 也会自动持久化在内存当中。

在 3.6 节中我们介绍了持久化的不同层级，不同于 RDD 中默认以非序列化的方式存在内存当中（MEMORY_ONLY），DStreams 默认的持久化级别是以序列化的方式存放在内存当中（MEMORY_ONLY_SER）。而对于由网络传输接收到的数据流（如 Kafka、Flume、Sockets 等），默认的持久化级别为双节点复制数据，以求容错。后续我们会在优化章节中继续讨论这些问题。

4.4.2　Checkpointing 操作

一般来说，一个流式处理程序需要 24 小时不间断运作，所以其必须拥有一定的与程序逻辑本身相独立的容错机制（如系统错误、虚拟机宕机等）。出于这个目的，Spark Streaming 的容错恢复系统必须拥有检查点（checkpoint）的充足信息，从而能够从失败中恢复过来。其中主要有两种类型的数据被检查点记录下来。

第一种，元数据检查点（metadata checkpointing）：保存流式计算中用于容错存储的信息，如 HDFS。这些信息会被用来恢复 driver 节点的流式应用。元数据包括下面几项，说明如下。

- 配置（Configuration）：用于创建流式应用的配置信息。
- DStream 操作：流式应用中定义的 DStream 操作集。
- 未完成的批处理（batches）：工作（Job）已经入队但是还未完成的批处理。

第二种，数据检查点（data checkpointing）：将已经生成的 RDDs 进行可靠的存储。这在一些依赖于多个 batch 数据的状态转移操作（stateful transformation）中是必须的。

在这类 Transformation 中，当前生成的 RDD 依赖于之前的 batch 中的 RDD，这就导致依赖链会随着时间的推移而扩大。为了避免不受限制的增长给恢复时带来的麻烦，状态转移操作的中间 RDD 会通过定期检查点（checpoint）输出到可靠的存储介质当中（如 HDFS），从而切断这种依赖链的影响。

- 总之，Driver 节点的错误恢复必须依赖于元数据检查点，而如果使用了状态转移操作（stateful transformations）则必须依赖于随数据或者 RDD 检查点。
- 如果我们的应用满足下面的条件，则必须使用检查点（checpointing）。
- 使用状态转移操作（stateful transformation）：如果在应用中使用了 updateStateByKey 或者类似 reduceByKeyAndWindow 的操作，则必须设置检查点目录（checkpoint directory），从而能够定期保存 RDD。
- 将运行程序的 Driver 节点从失败中恢复：元数据检查点被用来恢复这个过程。

值得注意的是，对于简单的流式应用，没有使用前面提到的状态转移操作，我们完全可以不用设置检查点。同样的对于能够接受一定的数据丢失情况的流式应用，我们也无须关心从 Driver 节点恢复时造成的一些未处理数据的丢失，这样就无须设置检查点，直接重启即可。

下面我们来看看在 Spark Streaming 应用中具体怎么设置 checcpoint 检查点。检查点的保存目录可以设置为任意一个容错、可靠的文件系统（如 HDFS、S3 等），这样检查点的信息就会保存在我们所设置的目录下，我们可以使用 streamingContext.checkpoint(checkpoint Directory)进行设置。

在设置了检查点后，就可以愉快地使用状态转移操作了，此外如果想要使得应用能够从 Driver 失败中彻底恢复，那么必须使用的应用具有以下特点：

- 当一个程序第一次运行时，其必须创建新的 StreamingContext，并且设定好所有的流（streams），之后调用 start()函数。
- 当一个程序需要从失败中重启时，其会根据检查点目录中保存的检查点数据来重建 StreamingContext。

我们可以直接调用 StreamingContext.getOrCreate()函数来满足以上特性，详细代码如下：

```
//用于创建新的 StreamingContext
def functionToCreateContext(): StreamingContext = {
  val ssc = new StreamingContext(...)       //新的上下文
  val lines = ssc.socketTextStream(...)     //创建 DStreams
  ...
  ssc.checkpoint(checkpointDirectory)       //设置 checkpoint directory
  ssc
}
// 从检查点数据中重建 StreamingContext 或者新建一个
val context = StreamingContext.getOrCreate(checkpointDirectory, functionToCreateContext _)
// 不论第一次创建还是重建，对 context 必要的额外设置
context. ...
// 开始运行上下文（context）
context.start()
context.awaitTermination()
```

如果 checcpointDirectory 存在，那么 context 会根据检查点的数据进行重建。如果该目录不存在（如第一次运行），那么会调用函数 functionToCreateContext 来创建一个新的 context，并且将 DStreams 配置好。

另外值得注意的是，当 RDD 检查点保存到可靠存储空间中时，会有一定的消耗。这可能会使得那些被保存 RDD 检查点的 batches 的处理时间加长，因此检查点的间隔（interval）需要谨慎设置。在最小的 batch 尺度上（1s），每个 batch 的检查点设置可能会严重降低操作的生产量。而相反，如果检查点过于频繁，会导致任务尺寸的增长，造成不利的影响。

地域需要 RDD 检查点的状态转移操作，默认的间隔是 batch 间隔的数倍，至少 10s。我们可以通过 dstream.checkpoint(checkpointInterval)来进行设置，通常在 DStream 间隔（intervals）的基础上增加 5~10s 是一个比较好的检查点时间间隔。

特别说明，关于累加器、广播变量的检查点会有所不同，累加器和广播变量无法从 Spark Streaming 的检查点恢复。

如果我们开启了检查点（checpointing），并且同时使用了累加器或者广播变量，那么必须为累加器和广播变量创建一个惰性实例化的单例（lazily instantiated singleton instances），从而使得它们能够在 Driver 重启时能够再次被实例化，代码如下：

```scala
object WordBlacklist {
  @volatile private var instance: Broadcast[Seq[String]] = null
  def getInstance(sc: SparkContext): Broadcast[Seq[String]] = {
    if (instance == null) {
      synchronized {
        if (instance == null) {
          // 词汇黑名单
          val wordBlacklist = Seq("a", "b", "c")
          // 广播黑名单
          instance = sc.broadcast(wordBlacklist)
        }
      }
    }
    instance
  }
}
object DroppedWordsCounter {
  @volatile private var instance: LongAccumulator = null
  def getInstance(sc: SparkContext): LongAccumulator = {
    if (instance == null) {
      synchronized {
        if (instance == null) {
          // 黑名单词汇累加器
          instance = sc.longAccumulator("WordsInBlacklistCounter")
        }
      }
    }
    instance
  }
}
wordCounts.foreachRDD { (rdd: RDD[(String, Int)], time: Time) =>
  //直接获取或者注册一个 blacklist 广播变量
  val blacklist = WordBlacklist.getInstance(rdd.sparkContext)
  // 直接获取或者注册一个 droppedWordsCounter 累加器
  val droppedWordsCounter = DroppedWordsCounter.getInstance(rdd.sparkContext)
  // 使用 blacklist 过滤词语，使用 droppedWordsCounter 对过滤的词语数量进行统计
  val counts = rdd.filter { case (word, count) =>
    if (blacklist.value.contains(word)) {
      droppedWordsCounter.add(count)
      false
    } else {
      true
    }
  }.collect().mkString("[", ", ", "]")
  val output = "Counts at time " + time + " " + counts
})
```

4.5 实例——Spark Streaming 流式词频统计

前面几个节中详细介绍了 Spark Streaming 的内部基本数据结构 DStream，也了解了怎样产生一个数据流，之后通过各种操作让 Spark Streaming 对流式数据进行处理，最后通过输出操作输出到我们指定的外部系统中。下面用一个简单的例子来快速地体验 Spark Streaming 编程，该例也是官方提供的一个基于 Socket 文本流的例子。

在第 2 章的时候实现了在 Spark 中读取文本文件并进行词频统计的例子，而本节的例子依然是词频统计，只不过要在 Spark Streaming 中流式地处理一个数据服务器从 TCP 套接字中接收到的数据，下面开始一步步来实现。

在 scala-eclipse 中，首先创建一个 Maven 工程，起名为 wordFreqSocket，另外将 scala 特性添加到该项目中。之后创建包名 sparkstreaming_action.socket.main，在其中创建一个 object 并起名为 Socket。

修改 pom.xml 中的依赖包，除了在第 2 章出现的依赖包，还需要添加 Spark Streaming 的依赖包，核心代码如下：

```xml
<modelVersion>4.0.0</modelVersion>
<groupId>com</groupId><!--组织名-->
<artifactId>wordFreqSocket</artifactId><!--项目名-->
<version>0.1</version><!--版本号-->
<dependencies>
 <dependency> <!--Spark 核心依赖包 -->
  <groupId>org.apache.spark</groupId>
  <artifactId>spark-core_2.11</artifactId>
  <version>2.2.0</version>
  <scope>provided</scope><!--运行时提供，打包不添加，Spark 集群已自带-->
 </dependency>
 <dependency> <!-- Spark Streaming 依赖包 -->
  <groupId>org.apache.spark</groupId>
  <artifactId>spark-streaming_2.10</artifactId>
  <version>2.2.0</version>
  <scope>provided</scope><!--运行时提供，打包不添加，Spark 集群已自带-->
 </dependency>
 <dependency><!--Log 日志依赖包 -->
  <groupId>log4j</groupId>
  <artifactId>log4j</artifactId>
  <version>1.2.17</version>
 </dependency>
 <dependency><!--日志依赖接口-->
  <groupId>org.slf4j</groupId>
  <artifactId>slf4j-log4j12</artifactId>
  <version>1.7.12</version>
 </dependency>
```

```xml
    </dependencies>

    <build>
     <plugins>
      <!--混合 Scala/Java 编译-->
      <plugin><!--Scala 编译插件-->
       <groupId>org.scala-tools</groupId>
       <artifactId>maven-scala-plugin</artifactId>
       <executions>
        <execution>
         <id>compile</id>
         <goals>
          <goal>compile</goal>
         </goals>
         <phase>compile</phase>
        </execution>
        <execution>
         <id>test-compile</id>
         <goals>
          <goal>testCompile</goal>
         </goals>
         <phase>test-compile</phase>
        </execution>
        <execution>
         <phase>process-resources</phase>
         <goals>
          <goal>compile</goal>
         </goals>
        </execution>
       </executions>
      </plugin>
      <plugin>
       <artifactId>maven-compiler-plugin</artifactId>
       <configuration>
        <source>1.7</source><!--设置 Java 源-->
        <target>1.7</target>
       </configuration>
      </plugin>
      <!-- for fatjar -->
      <plugin><!--将所有依赖包打入同一个 jar 包-->
       <groupId>org.apache.maven.plugins</groupId>
       <artifactId>maven-assembly-plugin</artifactId>
       <version>2.4</version>
       <configuration>
        <descriptorRefs>
         <descriptorRef>jar-with-dependencies</descriptorRef><!--jar 包的后缀名-->
        </descriptorRefs>
       </configuration>
```

```xml
     <executions>
      <execution>
       <id>assemble-all</id>
       <phase>package</phase>
       <goals>
        <goal>single</goal>
       </goals>
      </execution>
     </executions>
    </plugin>
    <plugin><!--Maven 打包插件-->
     <groupId>org.apache.maven.plugins</groupId>
     <artifactId>maven-jar-plugin</artifactId>
     <configuration>
      <archive>
       <manifest>
        <addClasspath>true</addClasspath><!--添加类路径-->
        <!--设置程序的入口类-->
        <mainClass>sparkstreaming_action.socket.main</mainClass>
       </manifest>
      </archive>
     </configuration>
    </plugin>
   </plugins>
  </build>
```

在完成上述准备操作后，整个项目的结构如图 4.3 所示。

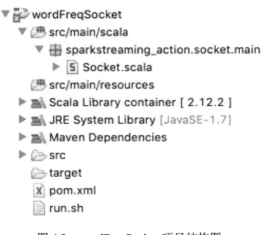

图 4.3　wordFreqSocket 项目结构图

下面开始编写代码逻辑，主要是从 Socket 套接字中拉取文本流，然后进行分词和词频统计，最后输出到控制台中，样例代码如下：

```
package sparkstreaming_action.socket.main
import org.apache.spark._
```

```scala
import org.apache.spark.streaming._

// 创建一个本地模式的 StreamingContext，两个工作线程，1s 的批处理间隔
// Master 要求 2 个核，以防出现饥饿情况
object Socket {
  def main(args: Array[String]) {
    // Spark 配置项
    val conf = new SparkConf()
      .setAppName("SocketWordFreq")
      .setMaster("spark://127.0.0.1:7077")
    // 创建流式上下文，1s 批处理间隔
val ssc = new StreamingContext(conf, Seconds(1))
// 创建一个 DStream，连接指定的 hostname:port，比如 localhost:9999
    val lines = ssc.socketTextStream("localhost", 9999)
    // 将接收到的每条信息分割成词语
    val words = lines.flatMap(_.split(" "))
    // 统计每个 batch 的词频
val pairs = words.map(word => (word, 1))
// 汇总词频
val wordCounts = pairs.reduceByKey(_ + _)
// 打印从 DStream 中生成的 RDD 的前 10 个元素到控制台中
    wordCounts.print()
    ssc.start()                                      // 开始计算
    ssc.awaitTermination()                           // 等待计算结束
  }
}
```

与初始化 Spark 应用类似，首先创建了相关配置项，设置了该应用的名称及 Master 节点的位置。之后需要创建在 SparkStreaming 应用中必须要使用的 StreamingContext。

在本实例中，我们使用的是基本数据源，利用 socketTextStream 接口监听本地 9999 端口传来的数据形成输入 DStream，之后利用 flatMap 对每一条数据按照空格切分映射为新的 DStream，通过 map 将源词 Stream 流映射为(key,val)形式的(词,词频)二元组，方便通过 reduceByKey 操作将相同 Key 值的二元组 val 值相加，最后将统计的每个词的词频打印出来。与 Spark 不同，启动应用后会一直等待计算机发出终止指令后程序才会停止。

通过 mvn clean install 将整个程序编译成功，然后通过如下命令执行程序：

```
$ {your_path}/spark-2.2.0-bin-hadoop2.7/bin/spark-submit \
--class sparkstreaming_action.socket.main.Socket \
--num-executors 4 \
--driver-memory 1G \
--executor-memory 1g \
--executor-cores 1 \
--conf spark.default.parallelism=1000 \
target/SocketWordFreq_SparkStreaming-0.1-jar-with-dependencies.jar
```

为了能让程序顺利运行，需要依赖 Netcat，基本上以 UNIX 为核心的操作系统都会有该组件，在 Mac 中可以通过 brew install netcat 进行安装。我们需要打开两个终端，一个负责利用 netcat 对指定端口传输数据，另一个负责运行 Spark Streaming 接收数据，并进行词

频统计输出，演示效果如图 4.4 所示。

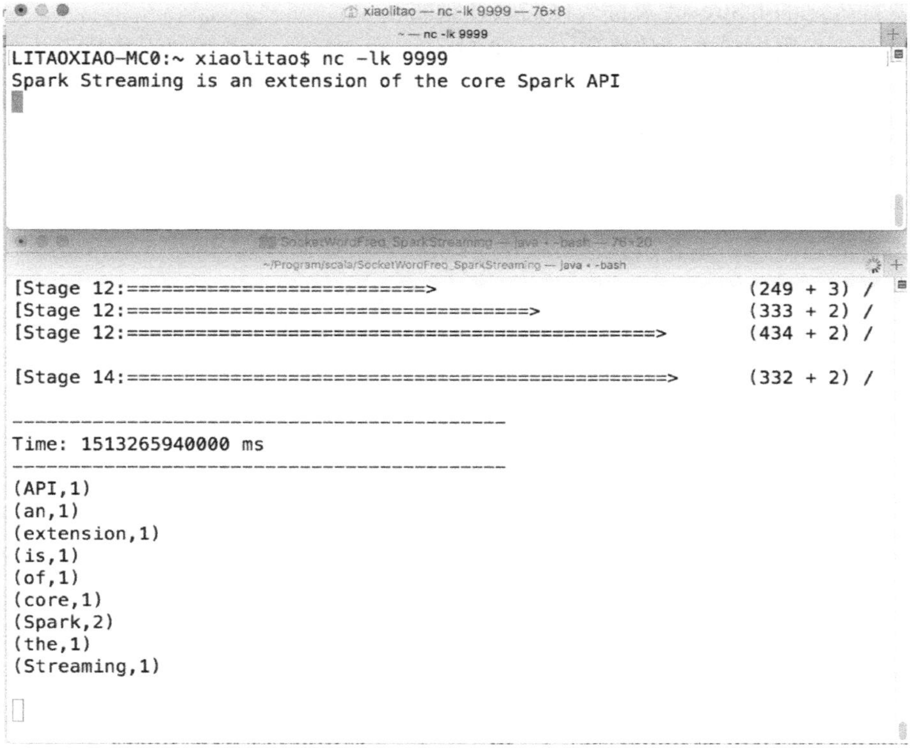

图 4.4　Spark Streaming 第一个实例运行效果

从图 4.4 中可以看到很多 Stage 的运行状态，socketTextStream 会不断扫描指定端口，即使没有数据传过来。可以看到这里传输了一句话，根据 Key 值，Spark Streaming 返回了正确的统计结果。

> 注：上面我们使用了 reduceByKey 操作来聚合词频统计的键值对。

4.6　本章小结

- Spark Streaming 的核心数据结构是 DStream。
- DStream 的本质是由很多 RDD 构成的，通常由设置的 interval 间隔内接收到的数据流组成。
- 与 RDD 类似，DStream 也拥有丰富的 API 转换操作及输出接口，同样注意只有输出操作才会触发真正的运算。

- 与 RDD 类似，DStream 也拥有不同的持久化策略，我们需要根据不同的场景选择要持久化的 DStream 及持久化的具体策略。
- 只有我们用到状态转移操作（stateful transformation）或者需要无数据丢失的恢复错误 Driver 节点，才需要使用 Spark Streaming 中的 checpoint 检查点。另外对于累加器和共享变量，需要为其创建可惰性实例化的单例对象，才能够让其从检查点数据顺利恢复。
- 除了基本数据源，不同的数据源需要不同的依赖包，在后续章节中还会对 Kafka 作为数据源做进一步介绍。
- 在最后一节的实例中，利用 Spark Streaming 从文件中读入文本，并利用 DStream 的各种操作进行了简单的词频统计。希望读者能动手实践一下，并尝试利用中文分词，对中文文本进行词频统计。

第 5 章 Spark Streaming 与 Kafka

在第 4 章中我们了解了 Spark Streaming 的一些基本原理，并且实现了一个简单的应用。在介绍 Spark Streaming 的输入源时讲过 Spark Streaming 的输入源分为基本输入源和高级数据源。平时在生产环境中，Spark Streaming 不会直接从基本数据源如文件系统中获取数据，更常见的是从一些高级数据源如 Kafka 接收来自上游的数据，然后经过处理后输出处理结果。

本章就来重点介绍 Kafka 作为 Spark Streaming 输入源时的一些原理以及应用。

5.1 ZooKeeper 简介

在大型分布式项目中，比如本书运用的 Kafka 和 Spark Streaming 中，我们经常会接触到 ZooKeeper 的概念，它通过冗余提供了一种可靠的分布式服务。本节就来简单介绍一下 ZooKeeper，以及其在实际生产环境中的具体使用。

5.1.1 相关概念

ZooKeeper 是属于 Apache 下的一个开源项目，原本是 Hadoop 下的一个子模块，后来独立出来，其主要作用是为大型分布式计算提供分布式配置服务、同步服务和命名注册。类似于 Hadoop 中，当设计一个分布式系统时，一般需要设计和开发一些协调服务。

- 名称服务：简单地说名称服务是指将一个名称映射成为与其对应的一些其他信息的服务，比较常见的将人名映射到电话的电话本服务或者将域名映射到对应 IP 的 DNS 服务，都可以认为是名称服务。同样，在大规模集群中，分布式系统需要跟踪一个服务器或者一组服务器的运行状态，那么便可以通过 ZooKeeper 暴露的名称服务来进行跟踪。
- 锁定：在多系统或者多进程共享访问资源时，必须要考虑资源的锁问题，ZooKeeper 提供了一种简单可行的分布式互斥方式（distributed mutexes）。
- 同步：与互斥同时出现的是同步访问共享资源的需求。无论是实现一个生产者-消费者队列，还是实现一个障碍，ZooKeeper 都提供了一个简单的接口来实现该操作。

- 配置管理：对于集群的分布式系统，可以使用 ZooKeeper 对配置进行统一的集中存储和管理。一方面，对于新加入集群的节点可以直接使用 ZooKeeper 最新的集中配置项；另一方面可以通过某一个 ZooKeeper 客户端更改配置，并将同时更改整个分布式系统的配置状态。
- 领导者选举：对于集群分布式系统，会存在某一节点宕机的问题，ZooKeeper 通过领导者选举支持自动的故障转移策略，即主备节点切换。

ZooKeeper 提供了一个即用、可靠、可扩展、高性能的协调服务，所以很多的分布式项目都会依赖于 ZooKeeper。而其本身也是一个分布式系统，遵循一个简单的客户端-服务器模型，其中可以有多个机器形成集群来提供服务，一般有三种角色，即 Leader、Follower 和 Observe。

一个集群同一时刻只会有一个 Leader，其他为 Follower 和 Observer，通过 Leader 选举过程会产生 Leader 机器，大多数情况其他机器都是 Follower 机器，如果单独设置了 Observer 特性的机器，则不会参加 Leader 选举过程。

ZooKeeper 中还有一个核心概念是数据节点及 ZNode，它是指数据模型中的数据单元，ZooKeeper 将所有数据都存在内存中，数据模型是一颗树（ZNode Tree），由斜杠（/）进行分割的路径，就是一个 ZNode，如/Spark/Master，其中 Spark 和 Master 都是 ZNode。每个 ZNode 都会保存自己的数据内存，同时会保存一系列属性信息。

客户端通过 TCP 长连接的形式与服务端建立联系，称为客户端会话（Session）。ZooKeeper 默认服务端口是 2181，通常我们会设置一个 SessionTimeout 参数，用来控制客户端会话的超时时间。

通过上面的简单介绍，给出 ZooKeeper 的工作原理如图 5.1 所示。

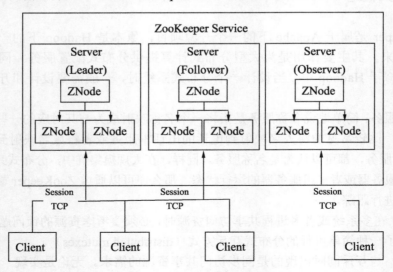

图 5.1　ZooKeeper 示意图

5.1.2 ZooKeeper 部署

下面我们来尝试使用 ZooKeeper。ZooKeeper 分为单机模式和集群模式，而集群模式可以有多台机器，每台机器运行一个 ZooKeeper Server 进程，也可以由一台机器运行多个 ZooKeeper Server 进程。由于我们是一台机器进行演练的，所以采用运行多个 ZooKeeper Server 进程的方式来模拟集群，不过在实际生产环境中，更多的是按照第一种方式部署的。

首先到 ZooKeeper 官网 http://www.apache.org/dyn/closer.cgi/zookeeper 下载镜像库。

选择一个合适的镜像库，这里选择最新的稳定版本，在本书写作时，ZooKeeper 已更新到 3.4.10 版，如图 5.2 所示。

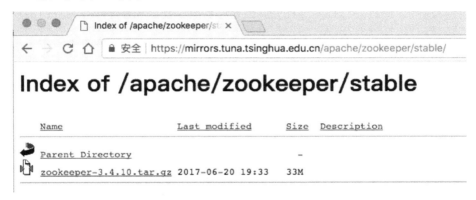

图 5.2　下载 ZooKeeper

下载到本地后将压缩包解压到指定位置：

```
$ tar -zxvf zookeeper-3.4.10.tar.gz
$ cd zookeeper-3.4.10
```

由于我们是在本机上模拟集群模式，需要注意的是进程间的资源要相互独立。假设我们用 3 个 ZooKeeper 服务进程来进行模拟，首先建立一个 Zookeeper_server 目录来充当我们的 ZooKeeper 服务集群，在其下建立 3 个子目录分别模拟 3 台机器，并给每台机器添加一个唯一的编号 1、2、3。

之后在每个子目录下建立一个 data 文件夹和 logs 文件夹，用来存放数据文件和日志文件，最终目录结构如下（使用了 tree 工具进行展示）：

```
$ tree -L 2 zookeeper_server/
├── server1
│   ├── data
│   ├── logs
│   └── zookeeper-3.4.10
├── server2
│   ├── data
│   ├── logs
```

```
        └── zookeeper-3.4.10
    ├── server3
    │   ├── data
    │   ├── logs
    │   └── zookeeper-3.4.10
    └── zookeeper.out

12 directories, 1 file
```

下面需要对每个 server 上的 ZooKeeper 进行一些配置，进入 conf 目录如下：

```
$ ll conf/
drwxr-xr-x@  6 xiaolitao  staff   192  1 14  2018 ./
drwxr-xr-x@ 25 xiaolitao  staff   800  1 14  2018 ../
-rw-r--r--@  1 xiaolitao  staff   535  3 23  2017 configuration.xsl
-rw-r--r--@  1 xiaolitao  staff  2161  3 23  2017 log4j.properties
-rw-r--r--@  1 xiaolitao  staff  1095  1 14  2018 zoo.cfg
-rw-r--r--@  1 xiaolitao  staff   922  3 23  2017 zoo_sample.cfg
```

复制 zoo_sample.cfg 的示例配置文件为 zoo.cfg：

```
$ cp zoo_sample.cfg zoo.cfg
```

接着需要在 zoo.cfg 中进行一些配置，下面我们以 server1 为例进行说明，其他两个 server，只需修改对应的端口号及 data 和 log 路径即可。代码如下：

```
ticketTime=2000                                    #客户端与服务器的心跳间隔，毫秒
clientPort=2181                                    #端口号
dataDir=/Users/xiaolitao/Tools/zookeeper_server/server1/data
                                                   #数据目录，读者修改为自己的目录
dataLogDir=/Users/xiaolitao/Tools/zookeeper_server/server1/logs
                                                   #日志目录，读者修改为自己的目录
initLimit=10 # follower 和 leader 服务器间初始连接的最长心跳次数（ticketTime 个数）
syncLimit=5 # follower 和 leader 服务器间请求和应答的最长心跳次数（ticketTime 个数）
server.1=127.0.0.1:2222:2225                       #服务器地址
server.2=127.0.0.1:3333:3335                       #服务器地址
server.3=127.0.0.1:4444:4445                       #服务器地址
```

配置项说明如下：

- tickTime：以毫秒为单位，是 ZooKeeper 的基本时间单元，默认值是 2000。该配置用来调节心跳和超时。通常会话超时时间是两倍的 tickTime。
- initLimit：该配置表示允许从属节点（followers）连接并同步到领导者节点（leader）的最大时间，以秒为单位，默认值 10 秒，是 tickTime 的 10 倍，在 ZooKeeper 管理数据较大时，可以适当增加该值。
- syncLimit：该配置表示领导者节点（leader）与从属节点（followers）间进行心跳检测的最大延迟时间，以秒为单位，默认值 5 秒，是 tickTime 的 5 倍。如果在这段时间内从属节点无法与领导者节点进行通信，那么从属节点将会被丢弃。
- dataDir：该配置指定了 ZooKeeper 保存内存数据库快照的目录，默认数据库更新的事务日志也将会存储在该目录下（我们也可以单独配置目录 dataLogDir）。

- dataLogDir：该参数用来指定 ZooKeeper 日志的存储目录。
- clientPort：服务器监听客户端连接的端口，即客户端尝试连接的端口，默认值是 2181。这里我们顺序加 1 来设置多个服务进程的端口号。
- server.id=host:port:port：该配置表示集群中一台机器的标识和 IP，serve.id 在集群中是唯一标识的。通常我们会在 zoo.cfg 配置文件中按照该格式，将 ZooKeeper 中的所有节点一行行列出（这里由于是利用多进程来模拟 ZooKeeper 的集群模式，所以 IP 填写的都是本机）。

之后在每个 server 子目录下的数据目录（即 dataDir 指定的目录）下创建一个 myid 文件，该文件只有一行内容，即对应于每台服务器的 ServerID（注意这一步很关键）。

最后启动 3 个 ZooKeeper Server 进程来模拟集群模式：

```
$ server1/zookeeper-3.4.10/bin/zkServer.sh start
$ server2/zookeeper-3.4.10/bin/zkServer.sh start
$ server3/zookeeper-3.4.10/bin/zkServer.sh start
```

我们会看到如下所示的日志信息：

```
$ zookeeper_server/server1/zookeeper-3.4.10/bin/zkServer.sh start
ZooKeeper JMX enabled by default
Using config: /Users/xiaolitao/Tools/zookeeper_server/server1/zookeeper-3.4.10/bin/../conf/zoo.cfg
Starting zookeeper ... STARTED
```

我们可以利用 ps –ef | grep zookeeper 命令来查看服务是否真的启动了，之后进入 3 个 server 中的任意一个，连接任意一台服务器，比如这里利用 server1 连接 server2：

```
$ server1/zookeeper-3.4.10/bin/zkCli.sh -server 127.0.0.1:2182
```

如果需要停止 ZooKeeper 服务，可以用如下命令：

```
$ server1/zookeeper-3.4.10/bin/zkServer.sh stop
$ server2/zookeeper-3.4.10/bin/zkServer.sh stop
$ server3/zookeeper-3.4.10/bin/zkServer.sh stop
```

以上对 ZooKeeper 进行了简单的介绍，并将其成功部署在我们的机器上，注意这里使用的是伪集群模式，即多进程模拟的集群模式来部署的，在真实的生产环境中对于多台机器的集群，只需将 server1、server2、server3 对应成真实的机器即可。在 ZooKeeper 的基础上，下面开始对 Kafka 的部署和使用。

5.2 Kafka 简介

Kafka 最初诞生于 LinkedIn，后开源成为 Apache 下的一个开源消息中间件项目，Kafka 的目标是提供处理实时数据的统一、高吞吐、低延迟的平台。

我们在学习多进程的时候都学习过生产者/消费者模式，两个进程间通过一个队列交换数据，生产者会不断向队列中放入已生产好的数据，消费者会不断从队列中取数据消费，如果队列中没有数据则循环等待，如图 5.3 所示。

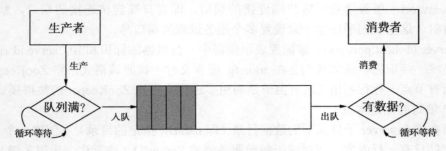

图 5.3　生产者/消费者模式

在 Kafka 的官网给出了一句话的解释：

Apache Kafka is a distributed streaming platform.

即 Kafka 是一个分布流式平台，这个直译似乎很难理解其真正含义，其具体的 3 个功能如下：

- 我们可以在 Kafka 中发布（publish）或者订阅（subscribe）记录流（streams of records），在这一方面 Kafka 类似于一种消息队列（message queue）或者说是消息订阅系统（enterprise messaging system）。
- 我们可以在 Kafka 中储存记录流，并且有容错能力。
- Kafka 的实时性很高，当记录（record）产生时，我们可以第一时间对其进行处理。

那么换句话来解释 Kafka：它是一个提供容错存储、高实时性的分布式消息队列平台。我们可以将它用在应用和处理系统间高实时性和高可靠性的流式数据传输中；也可以实时地为流式应用传送或反馈流式数据。

5.2.1　相关术语

为了进一步讲解 Kafka 内的相关原理，我们首先介绍一下 Kafka 内部的相关逻辑概念。

- 服务器（servers/broker）：Kafka 会作为一个集群运行在一台或者多台服务器上。
- 记录（record）：Kafka 内部的一条数据被称做记录，每条记录包含键值对和一个时间戳，实时的记录形成记录流。
- 主题（topic）：在 Kafka 内部会以不同类别在集群上存储记录流（streams of records）数据，用户可以自定义自己的 topic 来存储不同类型的数据。值得注意的是，主题是一个逻辑概念，是用户按照业务逻辑来分配指定的。
- 分支（partition）：每个 partition 是一个有序的不可修改的记录序列，每条记录在 partition 中会有一个指定的序列 ID，称做偏移量（offset），这个偏移量是每条记录在对应分区中的唯一标识。值得注意的是，不同于主题，分区是一个物理层的概念，每个主题可能包含多个分区，这些对用户是透明的。

- 生产者接口（Producer API）：一个应用通过该接口可以向 Kafka 中的一个或多个 topics 发布记录流，向其中"灌"数据（例如我们从网上不断地爬取用户的评论信息，不断向 Kafka 中发布这些信息，一条用户评论可以看做一条记录）。
- 消费者接口（Consumer API）：一个应用通过该接口可以从 Kafka 中订阅一个或多个 topics，然后处理这些生产者提供的记录流（比如我们利用 Spark Streaming 从 Kafka 中订阅数据，对用户的评论信息做统计处理并输出）。
- 流式接口（Streams API）：该接口允许一个应用作为一种流式处理器，即从 Kafka 的一到多个 topics 中消费数据输入流，然后又同时生产一个输出数据流到一到多个 topics，高效地将输入流转换为输出流。
- 连接器接口（Connector API）：该接口使得我们能够建立一个从 Kafka 的 topics 到一个应用或者数据系统中的可复用的持续运行的生产者或消费者，例如通过连接关系数据库实时获取表格的变化。

Kafka 在客户端和服务端利用 TCP 协议建立连接，进行数据交换，综合上述概念及多个接口，Kafka 集群的作用如图 5.4 所示。

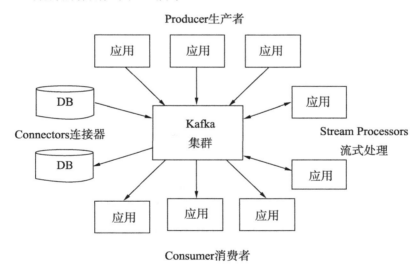

图 5.4　Kafka 接口图

Kafka 中核心的概念便是生产者和消费者，而 Kafka 中存储的数据又可以被转储到数据库或者由流式框架进行进一步处理，综合以上诸多概念，下面对其内部运行机制进行详细介绍。

5.2.2　Kafka 运行机制

Kafka 本质是一种消息队列，围绕消息队列会有生产者和消费者，那么我们首先从消息队列入手，看看 Kafka 对消息队列是如何管理的。

关于消息队列，Kafka 中最核心的抽象便是主题（topic）的抽象，它使得用户能够根据自身的业务逻辑对 Kafka 中的消息队列进行管理，并且无须关心其背后的存取原理。

在主题背后是不同的分支（partition），每个分支对应的是一台物理机器上的一个文件夹。而 Kafka 中的数据就是以多个按时间顺序的分段（segment）在文件中存储的，分段的原因也显而易见，就像我们平时在生产环境中输出日志一样，为了防止日志文件过大，一般会按照时间顺序或者文件的大小对日志文件进行切分，随着时间的推移，便可以将老的日志文件很方便地删除而不影响新日志的查看。而对于 Kafka 的每个主题，Kafka 的保存形式如图 5.5 所示。

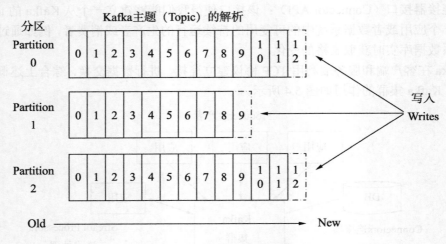

图 5.5 Kafka 中的主题

外部数据会写入 Kafka 集群中的多个分支，而每个分支对于每条记录会有一个偏移量（offset）作为记录，就像图 5.5 中展示的一样，这个偏移量会按照时间顺序递增。

上面这些队列中的消息无论是否被消费过，Kafka 都会保存这些数据，默认会有一个保存周期，我们也可以自定义这个时间，比如默认 7 天是一个周期，那么从现在起之前 7 天窗口内的数据会保留，再往前的老数据就会被删除，以清理磁盘空间，这样做非常有利于控制数据量的大小。

对于分支，Kafka 提供了一种容错机制，即将分支在不同的集群服务器上进行复制，其中一个会作为主分支（leader），其他的作为从分支（followers），这需要我们去配置。

对于 Kafka 的生产者而言，其会将数据"灌入"指定的主题中，并且会将记录根据 Key 值的分配函数（如对分支数量取模），分配到主题对应的分支中。

对于 Kafka 的消费者而言，每个消费者会指定一个消费组名称（consumer group name），每条记录会分发到每个注册消费组的某个消费者实例中，如图 5.6 所示。消费者的实例可以在不同的进程或者不同的机器中。

如果所有的消费者实例拥有相同的消费者组，那么记录会被有效地均衡在各个消费者实例之间；如果所有的消费者实例有不同的消费者组，每条记录会被广播到所有消费者进程当中。

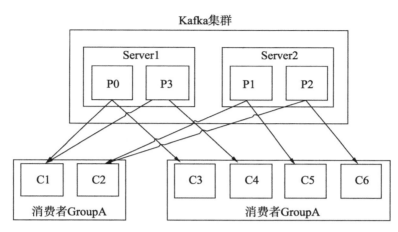

图 5.6　消费者示意图

图 5.6 中的 Kafka 集群拥有两台机器，四个分支（P0 至 P3）和两个消费者组。消费者组 A 有 2 个消费者实例而消费者组 B 有 4 个。我们可以看到每条分支中的数据都会广播到两个消费者组中的一个消费者实例中。

Kafka 保证记录是按照先进先出的顺序存储的，而同时消费者看到的记录也是按照其存储的顺序，另外对于设置 N 个容错的机制，Kafka 会保存 $N-1$ 份冗余数据，保证不丢失已提交到日志中的记录信息。

5.2.3　Kafka 部署

前面简单介绍了 Kafka 的原理和机制，以及在集群模式下的重要依赖 ZooKeeper，下面我们通过部署以及简单的使用，来熟悉 Kafka 的具体应用，为后续实战打好基础。与 ZooKeeper 类似，我们也采用单机多进程的方式来模拟多机器的 Kafka 集群模式，这里开启两个 broker。

首先到 Kafka 提供的官网下载 Kafka，地址为 https://www.apache.org/dyn/closer.cgi?path=/kafka/1.0.0/kafka_2.11-1.0.0.tgz。

网站上提供了多个镜像库，笔者选择了清华的镜像库，大家可以根据自己的情况选择相应的镜像库来下载 Kafka，下载完成后，将压缩包解压：

```
$ tar -zxvf kafka_2.11-1.0.0.tgz
$ cd kafka_2.11-1.0.0
```

之后进入解压后的 kafka_2.11-1.0.0 目录，进行配置：

```
$ vim config/server.properties
```

可以看到 Kafka 提供了很多配置项，也给出了必要的英文说明，这里不进行一一解释，只对几个关键配置项进行解释和修改。

- Zookeeper.connect：配置 ZooKeeper 连接，Kafka 会使用 ZooKeeper 默认的根路径，这使得 Kafka 会将关于 ZooKeeper 的配置直接放在根目录下。如果我们有其他应用也在使用 ZooKeeper，这样会将这些数据混在一起不好区分，所以最好在该配置下设置一个 chroot 路径。
- broker.id：每个 Kafka 的 broker 应该配置一个唯一的 ID。
- port：因为我们是同机部署多个 brokers，所以这里需配置不同的端口号。
- host.name：默认填写本机的 localhost 即可，如果有多个网卡，可以将不同的 broker 分别绑定到不同网卡上。
- log.dirs：这里使用单机部署多 brokers，所以需要配置不同的日志目录，防止冲突。

最终我们需要修改的配置项如下：

```
# ZooKeeper 连接
zookeeper.connect=localhost:2181,localhost:2182,localhost:2183/kafka
# broker ID
broker.id=0
# 端口
port=9091
# 主机地址
host.name=localhost
# 日志目录，读者可修改为自己的目录
log.dirs= /Users/xiaolitao/Tools/kafka_2.11-1.0.0/logs/kafka-logs-1
```

由于我们需要开启两个 broker，所以还需要对第二个 broker 进行相似的配置，复制一份 server.properties，命令如下：

```
$ cp config/server.properties config/server-2.properties
```

编辑 server-2.properties，

```
$ vim config/server-2.properties
```

修改几个关键配置项如下：

```
# ZooKeeper 连接
zookeeper.connect=localhost:2181,localhost:2182,localhost:2183/kafka
# broker ID
broker.id=1
# 端口
port=9092
# 主机地址
host.name=localhost
# 日志目录，读者可修改为自己的目录
log.dirs= /Users/xiaolitao/Tools/kafka_2.11-1.0.0/logs/kafka-logs-2
```

这里值得注意的是由于我们在 Zookeeper.connect 中指定了 chroot 为/kafka，所以在后续连接 ZooKeeper 操作时都要加上/kafka，如查看 topic，类似下面这样：

```
$ bin/kafka-topics.sh --describe --zookeeper localhost:2181/kafka -topic
test
```

我们在这里只配置了两个节点,如果需要更多节点,可以新增更多的 server.properties 来达到目的。

启动 Kafka:

```
$ bin/kafka-server-start.sh config/server.properties &
$ bin/kafka-server-start.sh config/server-2.properties &
```

停止 Kafka:

```
$ bin/kafka-server-stop.sh
```

5.2.4 简单样例

当 Kafka 启动成功后我们会看到启动成功的日志信息,接下来进行一些简单测试。首先需要创建一个 topic:

```
> bin/kafka-topics.sh --topic test --create --partitions 2 --replication-
factor 2 --zookeeper localhost:2181,localhost:2182,localhost:2183/kafka
```

在该命令中制定了一个 test 主题,并且该主题有两个分支用于存储数据,而参数 replication-factor 为 N 表示:允许 $N-1$ 个 Kafka 实例失效。只要有一个 replication 存活,那么此 partition 的读写操作都不会中断,也就是说它是一种冗余备份,我们这里设置为 2。执行命令后会看到一长串的日志记录,其中关键一句为:

```
Created topic "test"
```

接下来可以使用以下命令来查看 topic 的信息:

```
$ bin/kafka-topics.sh --describe --zookeeper localhost:2181,localhost:
2182,localhost:2183/kafka --topic test
```

可以看到主题 test 中的信息如下:

```
3/kafka --topic test
Topic:test    PartitionCount:2    ReplicationFactor:2 Configs:
   Topic: test    Partition: 0    Leader: 0    Replicas: 0,1    Isr: 0,1
   Topic: test    Partition: 1    Leader: 0    Replicas: 1,0    Isr: 0,1
```

可以看到,test 主题有两个分支,分别为 Partition0 和 Partition1。后续还有一个 Leader 编号,默认 0 会作为 Leader,再往后是冗余备份信息 Replicas: 0,1 表示在 broker0 和 broker1 上创建了保存副本。下面来创建一个生产者和消费者,观察 Kafka 队列当中的数据情况。

首先 Kafka 自带的脚本启动一个从头开始的生产者,会随机生成一个 group,然后读入标准输入文本到 Kafka 中:

```
$ bin/kafka-console-producer.sh --broker-list localhost:9091 --topic test
```

之后创建一个从头开始消费的消费者:

```
$ bin/kafka-console-consumer.sh --zookeeper localhost:2181/kafka -topic
test -group tg1 --from-beginning
```

当在生产者中输入 hello spark streaming 时，可以发现消费者得到了这个数据并显示在控制台中，两个控制台分别代表生产者和消费者，代码如下：

```
LITAOXIAO-MC0:kafka_2.11-1.0.0 xiaolitao$ bin/kafka-console-producer.sh
--broker-list localhost:9091 --topic test
>hello spark streaming

LITAOXIAO-MC0:kafka_2.11-1.0.0 xiaolitao$ bin/kafka-console-consumer.sh
--zookeeper localhost:2181/kafka --topic test -group tg1 --from-beginning
Using the ConsoleConsumer with old consumer is deprecated and will be removed
in a future major release. Consider using the new consumer by passing
[bootstrap-server] instead of [zookeeper].
hello spark streaming
```

我们可以利用 Kafka-consumer-groups.sh 来查看 Kafka 某一主题中某个消费者的 offset 情况：

```
$ bin/kafka-consumer-groups.sh --zookeeper localhost:2181/kafka --describe
--group tg1
```

会得到每个 partition 的 offset 情况，如下：

```
TOPIC                          PARTITION    CURRENT-OFFSET  LOG-END-OFFSET  LAG
CONSUMER-ID
test                           0            3               284365          284362
test                           1            3               317642          317639     -
```

可以看到 test 在两个 partition 中一个有一条记录并且已经被消费，另外一个为 0 条，符合之前我们的预期。另外，Kafka 还有很多配置参数和使用技巧，会在后面使用到时具体介绍。

5.3 Spark Streaming 接收 Kafka 数据

前面对 Kafka 进行了简要的阐述，下面我们就 Kafka 与 Spark Streaming 结合使用的方式做进一步的介绍，这种组合机制在实际的生产环境中，应对高吞吐的大规模数据是非常有效的，并且能够有很高的实时性。在 Spark Streaming 关于 Kafka 的文档中，我们会发现两个版本的选择，如图 5.7 所示。

对于 0.10 版本，目前主要还是实验性的，提供了简单易用的并行度，即在 Kafka 的 partition 和 Spark 的 partition 之间是一一对应的，直接访问 offset 的元数据。

但是，因为最新的集成使用了 Kafka 新的消费者 API，而没有使用 simple API，所以在使用时有比较大的区别。这个版本的集成是实验性质的，所以 API 可能会变化。我们以 0.8 的版本为例来介绍 Spark Streaming 关于 Kafka 的集成，0.8 版本也是向后兼容的。

Spark Streaming 接收 Kafka 数据并产生内部的 DStream 数据结构的方式有两种：一种是利用 Receiver 接收数据，另一种是以 Direct 为接口直接从 Kafka 读取数据。

Spark Streaming + Kafka Integration Guide

Apache Kafka is publish-subscribe messaging rethought as a distributed, partitioned, replicated commit log service. Please read the Kafka documentation thoroughly before starting an integration using Spark.

The Kafka project introduced a new consumer api between versions 0.8 and 0.10, so there are 2 separate corresponding Spark Streaming packages available. Please choose the correct package for your brokers and desired features; note that the 0.8 integration is compatible with later 0.9 and 0.10 brokers, but the 0.10 integration is not compatible with earlier brokers.

	spark-streaming-kafka-0-8	spark-streaming-kafka-0-10
Broker Version	0.8.2.1 or higher	0.10.0 or higher
Api Stability	Stable	Experimental
Language Support	Scala, Java, Python	Scala, Java
Receiver DStream	Yes	No
Direct DStream	Yes	Yes
SSL / TLS Support	No	Yes
Offset Commit Api	No	Yes
Dynamic Topic Subscription	No	Yes

图 5.7　Spark Streaming + Kafka 文档

> 注意：第 1 种方式在 0.10 版本中已经取消，因为该方式容易使 Receiver 本身成为瓶颈，在本书出版时，Spark Streaming 更新的版本中，0.10.0 已经变成稳定版本而 0.8.2.1 变成了不推荐 Deprecated，所以在本书第三部分的实际案例中我们以第 2 种方式为主，另外新加一个以 0.10.0 最新版的实例。

5.3.1　基于 Receiver 的方式

通过接收器（Receiver）的方式接收 Kafka 数据，主要利用了 Kafka 提供的高阶用户接口，对于所有的接收器，从 Kafka 接收来的数据会存储在 Spark 的 Executor 中，之后 Spark Streaming 提交的 Job 会处理这些数据，如图 5.8 所示。

在使用时，我们需要添加相应的依赖包：

```xml
<dependency><!-- Spark Streaming Kafka 依赖包 -->
  <groupId>org.apache.spark</groupId>
  <artifactId>spark-streaming-kafka-0-8_2.11</artifactId>
  <version>2.2.0</version>
  <scope>provided</scope>
</dependency>
```

其基本用法如下：

```
import org.apache.spark.streaming.kafka._
val kafkaStream = KafkaUtils.createStream(streamingContext,
```

```
[ZK quorum], [consumer group id], [per-topic number of Kafka    partitions
to consume])
```

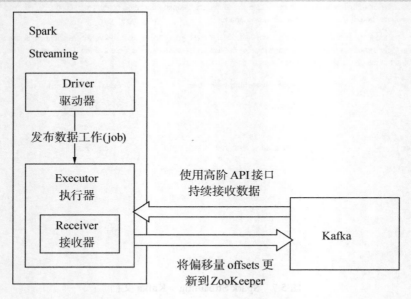

图 5.8　Spark Streaming + Kafka Receiver 接收方式

还有几点需要注意：

- 通过 Receiver 的方式从 Kafka 接收数据，其中 Spark 的 partition 和 Kafka 中的 partition 不是一一对应的，假设增大 Kafka 中 topic 的 partition 数量，但还是使用单一 Receiver 来接收数据，并不会增加 Spark 处理数据的并行度。
- 对于不同的 Group 和 topic，我们可以使用多个 Receiver 创建不同的 Dstream 来并行接收数据，之后可以利用 union 来统一成一个 Dstream。
- 如果我们启用了 Write Ahead Logs 复制到文件系统如 HDFS，那么 storage level 需要设置成 StorageLevel.MEMORY_AND_DISK_SER，也就是：KafkaUtils.createStream (..., StorageLevel.MEMORY_AND_DISK_SER)。

5.3.2　直接读取的方式

在 Spark1.3 之后，引入了 Direct 方式。不同于 Receiver 的方式，Direct 方式没有 Receiver 这一层，其会周期性地获取 Kafka 中每个 topic（主题）的每个 partition（分区）中的最新 offsets（偏移量），之后根据设定的 maxRatePerPartition 来处理每个 batch。其形式如图 5.9 所示。

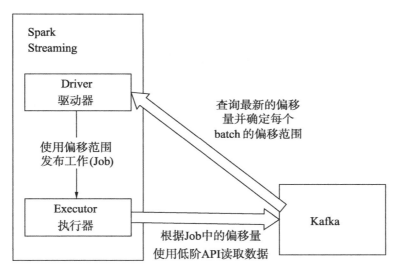

图 5.9 Spark Streaming + Kafka 直接读取方式

这种方法相较于 Receiver 方式的优势在于：
- 简化的并行。Direct 方式中，Kafka 中的 partition 与 Spark 内部的 partition 是一一对应的，这点使得我们可以很容易地通过增加 Kafka 中的 partition 来提高数据整体传输的并行度，而不像 Receiver 方式中还需要创建多个 Receiver 然后利用 union 再合并成统一的 Dstream。
- 高效。Direct 方式中，我们可以自由地根据 offset 来从 Kafka 中拉取想要的数据（前提是 Kafka 保留了足够长时间的数据），这对错误恢复提供了很好的灵活性。然而在 Receiver 的方式中，还需要将数据存入 Write Ahead Log 中，存在数据冗余的问题。
- 一次性接收精确的数据记录 Direct 方式中我们直接使用了低阶 Kafka 的 API 接口，offset 默认会利用 Spark Steaming 的 checkpoints 来存储，同样也可以将其存到数据库等其他地方。然而在 Receiver 的方式中，由于使用了 Kafka 的高阶 API 接口，其默认是从 ZooKeeper 中拉取 offset 记录（通常 Kafka 取数据都是这样的），但是 Spark Streaming 消费数据的情况和 ZooKeeper 记录的情况是不同步的，当程序发生中断或者错误时，可能会造成数据重复消费的情况。

不同于 Receiver 的方式，是从 Zookeeper 中读取 offset 值，那么自然 Zookeeper 就保存了当前消费的 offset 值，如果重新启动开始消费就会接着上一次 offset 值继续消费。而在 Direct 的方式中，是直接从 Kafka 来读数据，offset 需要自己记录，可以利用 checkpoint、数据库或文件记录或者回写到 ZooKeeper 中进行记录。这里我们给出利用 Kafka 底层 API 接口，将 offset 及时同步到 ZooKeeper 的通用类中。

5.4 Spark Streaming 向 Kafka 中写入数据

不同于 Spark Streaming 读取 Kafka 数据，如果想要将 Spark Streaming 处理好的数据写入 Kafka，是没有现成的官方接口的，我们需要自己利用 Kafka 的底层 API 接口。最直接的做法是可以按照如下这种方式：

```
input.foreachRDD(rdd =>
  // 不能在这里创建 KafkaProducer
  rdd.foreachPartition(partition =>
    partition.foreach{
      case x:String=>{
        // Map 配置项
        val props = new HashMap[String, Object]()
        // broker 配置
        props.put(ProducerConfig.BOOTSTRAP_SERVERS_CONFIG, brokers)
        // 序列化类型
        props.put(ProducerConfig.VALUE_SERIALIZER_CLASS_CONFIG,
          "org.apache.kafka.common.serialization.StringSerializer")
        props.put(ProducerConfig.KEY_SERIALIZER_CLASS_CONFIG,
          "org.apache.kafka.common.serialization.StringSerializer")
        println(x)
        // 创建 KafkaProducer
        val producer = new KafkaProducer[String,String](props)
        // 产生信息记录
        val message=new ProducerRecord[String, String]("output",null,x)
        // 写入 Kafka
        producer.send(message)
      }
    }
  )
)
```

上面的方式缺点很明显，在对 partition 中的每条记录进行输出时，都需要反复创建 KafkaProducer，建立连接，增加了不必要的开销。但是这里我们并不能将 KafkaProducer 的初始化放在 foreachPartition 外边，因为这会要求 KafkaProducer 必须可序列化（serializable）。为了解决这个问题我们采用如下方法。

首先，需要将 KafkaProducer 利用 lazy val 的方式进行包装，代码如下：

```
import java.util.concurrent.Future
import org.apache.kafka.clients.producer.{ KafkaProducer, ProducerRecord, RecordMetadata }
class KafkaSink[K, V](createProducer: () => KafkaProducer[K, V]) extends Serializable {
  // 这样能够避免运行时产生 NotSerializableExceptions 异常
  lazy val producer = createProducer()
  def send(topic: String, key: K, value: V): Future[RecordMetadata] =
    // 写入 Kafka
    producer.send(new ProducerRecord[K, V](topic, key, value))
```

```
  def send(topic: String, value: V): Future[RecordMetadata] =
    producer.send(new ProducerRecord[K, V](topic, value))
}
object KafkaSink {
  import scala.collection.JavaConversions._
  def apply[K, V](config: Map[String, Object]): KafkaSink[K, V] = {
val createProducerFunc = () => {
  // 新建 KafkaProducer
    val producer = new KafkaProducer[K, V](config)
    sys.addShutdownHook {
      // 确保在 Executor 的 JVM 关闭前
// Kafka Producer 将缓存中的所有信息写入 Kafka
      producer.close()
    }
    producer
  }
  new KafkaSink(createProducerFunc)
}
  def apply[K, V](config: java.util.Properties): KafkaSink[K, V] = apply
  (config.toMap)
}
```

其次,利用广播变量的形式(广播变量会在第 7 章中介绍),将 KafkaProducer 广播到每一个 Executor 中,代码如下:

```
// 广播 KafkaSink
val kafkaProducer: Broadcast[KafkaSink[String, String]] = {
  val kafkaProducerConfig = {
    // 新建配置项
val p = new Properties()
// 配置 broker
p.setProperty("bootstrap.servers", Conf.brokers)
// 序列化类型
    p.setProperty("key.serializer", classOf[StringSerializer].getName)
    p.setProperty("value.serializer", classOf[StringSerializer].getName)
    p
  }
  log.warn("kafka producer init done!")
  // 广播 KafkaSink 写入对象
  ssc.sparkContext.broadcast(KafkaSink[String,String](kafkaProducerConfig))
}
```

最后,我们就能在每个 Executor 中愉快地将数据输入 Kafka 当中,代码如下:

```
//输出到 Kafka
segmentedStream.foreachRDD(rdd => {
  if (!rdd.isEmpty) {
    rdd.foreach(record => {
      kafkaProducer.value.send(Conf.outTopics, record._1.toString,record._2)
      // 做一些必要的操作
    })
  }
})
```

后续在第三部分的实际案例中,会给出完整的示例供大家参考。

5.5 实例——Spark Streaming 分析 Kafka 数据

前面内容中详细介绍了 Kafka 的部署及使用,本节将开发一个小实例,目标是从 Kafka 中读取用户名、地址,以及用户名、电话,我们需要做的工作是在 Spark Streaming 中利用 DStream 的各种操作将对应同一个用户名的地址、电话拼在一起,形成一套完整的个人用户信息并打印到控制台上。

在 3.8 节的实例当中,输入时的文本文件,操作是在 RDD 上进行的,在本节中的输入换成了 Kafka,操作在 DStream 上进行,下面我们开始具体介绍。

由于需要从 Kafka 中拉取数据,所以将本实例分为两个小项目,一个是负责将数据灌入 Kafka 的小项目 kafkaGenerator,另一个是 Spark Streaming 消费者小项目,负责从 Kafka 中拉取数据并处理 KafkaOperation。

首先开发 KafkaGenerator 子项目,同样需要在 Scala-eclipse 中建立一个简单的 Maven 项目,同时做一些修改,添加 Scala 属性等。这里需要用到 Kafka 的 API,另外还需要修改 build 项中的配置,Maven 的核心配置代码如下:

```xml
<modelVersion>4.0.0</modelVersion>
<groupId>com</groupId><!--组织名-->
<artifactId>kafkaGenerator</artifactId><!--项目名-->
<version>0.1</version><!--版本号-->
<dependencies>
 <dependency><!-- Kafka 依赖项 -->
  <groupId>org.apache.kafka</groupId>
  <artifactId>kafka_2.11</artifactId>
  <version>0.10.1.0</version>
  <exclusions> <!-- 去掉引发冲突的包 -->
   <exclusion>
    <artifactId>jmxri</artifactId>
    <groupId>com.sun.jmx</groupId>
   </exclusion>
   <exclusion> <!-- 去掉引发冲突的包 -->
    <artifactId>jmxtools</artifactId>
    <groupId>com.sun.jdmk</groupId>
   </exclusion>
   <exclusion> <!-- 去掉引发冲突的包 -->
    <artifactId>jms</artifactId>
    <groupId>javax.jms</groupId>
   </exclusion>
   <exclusion>
    <artifactId>junit</artifactId>
    <groupId>junit</groupId>
   </exclusion>
  </exclusions>
```

```xml
    </dependency>
</dependencies>

<build>
 <plugins>
  <!--混合 Scala/Java 编译-->
  <plugin><!--Scala 编译插件-->
   <groupId>org.scala-tools</groupId>
   <artifactId>maven-scala-plugin</artifactId>
   <executions>
    <execution>
     <id>compile</id>
     <goals>
      <goal>compile</goal>
     </goals>
     <phase>compile</phase>
    </execution>
    <execution>
     <id>test-compile</id>
     <goals>
      <goal>testCompile</goal>
     </goals>
     <phase>test-compile</phase>
    </execution>
    <execution>
     <phase>process-resources</phase>
     <goals>
      <goal>compile</goal>
     </goals>
    </execution>
   </executions>
  </plugin>
  <plugin><!--Maven 编译插件-->
   <artifactId>maven-compiler-plugin</artifactId>
   <configuration>
    <source>1.7</source><!--设置 Java 源-->
    <target>1.7</target>
   </configuration>
  </plugin>
  <!-- for fatjar -->
  <plugin><!--将所有依赖包打入同一个 jar 包-->
   <groupId>org.apache.maven.plugins</groupId>
   <artifactId>maven-assembly-plugin</artifactId>
   <version>2.4</version>
   <configuration>
    <descriptorRefs>
     <descriptorRef>jar-with-dependencies</descriptorRef><!--jar 包的后缀名-->
    </descriptorRefs>
   </configuration>
   <executions>
    <execution>
     <id>assemble-all</id>
     <phase>package</phase>
     <goals>
```

```xml
      <goal>single</goal>
     </goals>
    </execution>
   </executions>
  </plugin>
  <plugin><!--Maven打包插件-->
   <groupId>org.apache.maven.plugins</groupId>
   <artifactId>maven-jar-plugin</artifactId>
   <configuration>
    <archive>
     <manifest>
      <addClasspath>true</addClasspath><!--添加类路径-->
      <!--设置程序的入口类-->
      <mainClass>sparkstreaming_action.kafka.generator</mainClass>
     </manifest>
    </archive>
   </configuration>
  </plugin>
 </plugins>
</build>
```

之后创建包 Spark Streaming_action.Kafka.generator,在包下创建 Scala 的 object 命名为 Producer,建好之后整个子项目结构如图 5.10 所示。

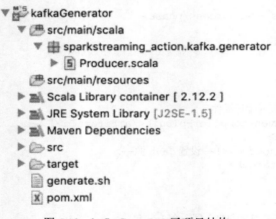

图 5.10 kafkaGenerator 子项目结构

我们进入 Producer 进行开发,需要做的是建立与 Kafka 的连接,生成一些模拟数据并发送到 Kafka 中,代码如下:

```scala
import java.util.Properties
import scala.util.Random
import org.apache.kafka.clients.producer.KafkaProducer
import org.apache.kafka.clients.producer.ProducerRecord

object Producer extends App {
  // 从运行时参数读入topic
  val topic = args(0)
  //从运行时参数读入brokers
```

```
  val brokers = args(1)
  // 设置一个随机数
  val rnd = new Random()
  // 配置项
val props = new Properties()
// 配置brokers
  props.put("bootstrap.servers", brokers)
  // 设置客户端名称
  props.put("client.id", "kafkaGenerator")
  // 序列化类型
  props.put("key.serializer", "org.apache.kafka.common.serialization.String
  Serializer")
  props.put("value.serializer", "org.apache.kafka.common.serialization.String
  Serializer")
  // 建立Kafka连接
  val producer = new KafkaProducer[String, String](props)
  val t = System.currentTimeMillis()
  // 模拟用户名地址数据,类似3.8节中的数据
  val nameAddrs = Map("bob" -> "shanghai#200000", "amy" -> "beijing#100000",
    "alice" -> "shanghai#200000",
    "tom" -> "beijing#100000", "lulu" -> "hangzhou#310000", "nick" ->
    "shanghai#200000")
  // 模拟用户名电话数据
val namePhones = Map("bob" -> "15700079421", "amy" -> "18700079458", "alice"
  -> "17730079427",
    "tom" -> "16700379451", "lulu" -> "18800074423", "nick" ->
    "14400033426")
  // 生成模拟数据(name, addr, type:0)
  for (nameAddr <- nameAddrs) {
    val data = new ProducerRecord[String, String](topic, nameAddr._1,
    s"${nameAddr._1}\t${nameAddr._2}\t0")
    producer.send(data)
    if (rnd.nextInt(100) < 50) Thread.sleep(rnd.nextInt(10))
  }
  // 生成模拟数据(name, addr, type:1)
  for (namePhone <- namePhones) {
    val data = new ProducerRecord[String, String](topic, namePhone._1,
    s"${namePhone._1}\t${namePhone._2}\t1")
    producer.send(data) // 写入Kafka
    if (rnd.nextInt(100) < 50) Thread.sleep(rnd.nextInt(10))
  }
  System.out.println("sent per second: " + (nameAddrs.size + namePhones.
  size) * 1000 / (System.currentTimeMillis() - t))
  producer.close()
}
```

程序很简单,根据用户输入的命令行参数,确定Kafka的topic及Kafka的broker地址,然后建立Kafka连接;之后用Map建立模拟数据,遍历Map将这些数据分别灌入到Kafka当中。注意在灌入Kafka数据时,我们的数据格式是(name\taddr\ttype)及(name\tphone\ttype),其中type保留了当前记录的类型,记录地址type为0,记录电话type为1,

中间的分隔符为制表符\t。

下面来开发 Spark Streaming 从 Kafka 接收数据并做一些处理输出到程序逻辑，同样类似上面的方法建立项目，起名为 KafkaOperation 并添加依赖，本次需要用到 Spark Streaming 及 Spark 提供的 Kafka 接口。依赖如下：

```xml
<modelVersion>4.0.0</modelVersion>
<groupId>com</groupId> <!--组织名-->
<artifactId>kafkaSparkStreaming</artifactId> <!--项目名-->
<version>0.1</version> <!--版本号-->
<properties>
 <spark.version>2.3.0</spark.version><!--设置变量指定Spark版本号-->
</properties>

<dependencies>
 <dependency> <!--Spark 依赖包 -->
  <groupId>org.apache.spark</groupId>
  <artifactId>spark-core_2.11</artifactId>
  <version>${spark.version}</version>
  <scope>provided</scope>
 </dependency>
 <dependency> <!-- Spark Streaming 依赖包 -->
  <groupId>org.apache.spark</groupId>
  <artifactId>spark-streaming_2.11</artifactId>
  <version>${spark.version}</version>
  <scope>provided</scope>
 </dependency>
 <dependency><!-- Spark Streaming with Kafka 依赖包 -->
  <groupId>org.apache.spark</groupId>
  <artifactId>spark-streaming-kafka-0-10_2.11</artifactId>
  <version>${spark.version}</version>
 </dependency>
 <dependency><!--Log 日志依赖包 -->
  <groupId>log4j</groupId>
  <artifactId>log4j</artifactId>
  <version>1.2.17</version>
 </dependency>
 <dependency>
  <groupId>org.slf4j</groupId> <!--日志依赖接口-->
  <artifactId>slf4j-log4j12</artifactId>
  <version>1.7.12</version>
 </dependency>
</dependencies>

<build>
 <plugins>
  <!--混合Scala/Java编译-->
  <plugin> <!--Scala编译插件-->
   <groupId>org.scala-tools</groupId>
   <artifactId>maven-scala-plugin</artifactId>
   <executions>
    <execution>
     <id>compile</id>
```

```xml
      <goals>
       <goal>compile</goal>
      </goals>
      <phase>compile</phase>
     </execution>
     <execution>
      <id>test-compile</id>
      <goals>
       <goal>testCompile</goal>
      </goals>
      <phase>test-compile</phase>
     </execution>
     <execution>
      <phase>process-resources</phase>
      <goals>
       <goal>compile</goal>
      </goals>
     </execution>
    </executions>
   </plugin>
   <plugin> <!--Maven 编译插件-->
    <artifactId>maven-compiler-plugin</artifactId>
    <configuration>
     <source>1.7</source> <!--设置 Java 源-->
     <target>1.7</target>
    </configuration>
   </plugin>
   <!-- for fatjar -->
   <plugin> <!--将所有依赖包打入同一个 jar 包-->
    <groupId>org.apache.maven.plugins</groupId>
    <artifactId>maven-assembly-plugin</artifactId>
    <version>2.4</version>
    <configuration>
     <descriptorRefs>
      <descriptorRef>jar-with-dependencies</descriptorRef> <!--jar 包的后缀名-->
     </descriptorRefs>
    </configuration>
    <executions>
     <execution>
      <id>assemble-all</id>
      <phase>package</phase>
      <goals>
       <goal>single</goal>
      </goals>
     </execution>
    </executions>
   </plugin>
   <plugin> <!--Maven 打包插件-->
    <groupId>org.apache.maven.plugins</groupId>
    <artifactId>maven-jar-plugin</artifactId>
    <configuration>
     <archive>
      <manifest>
       <addClasspath>true</addClasspath> <!--添加类路径-->
```

```xml
    <!--设置程序的入口类-->
    <mainClass>sparkstreaming_action.kafka.operation</mainClass> <!--
注意修改 -->
  </manifest>
 </archive>
</configuration>
</plugin>
</plugins>
</build>
```

另外创建 package 名为 sparkstreaming_action.kafka.operation，并添加 KafkaOperation 的 object，建立好后整个子项目结构如图 5.11 所示。

图 5.11　KafkaSparkStreaming 子项目结构图

进入 KafkaOperation，我们开始开发从 Kafka 中拉取之前灌入 Kafka 中的数据，并利用 DStream 操作进行分析处理，代码如下：

```scala
import org.apache.kafka.common.serialization.StringDeserializer
import org.apache.spark.streaming.Seconds
import org.apache.spark.streaming.StreamingContext
import org.apache.spark.streaming.kafka010.ConsumerStrategies.Subscribe
import org.apache.spark.streaming.kafka010.KafkaUtils
import org.apache.spark.streaming.kafka010.LocationStrategies.PreferConsistent
import org.apache.spark.SparkConf

object KafkaOperation extends App {
  // Spark 配置项
  val sparkConf = new SparkConf().setAppName("KafkaOperation").setMaster("spark://localhost:7077")
    .set("spark.local.dir", "./tmp")
    .set("spark.streaming.kafka.maxRatePerPartition", "10")
  // 创建流式上下文，2s 为批处理间隔
  val ssc = new StreamingContext(sparkConf, Seconds(2))
```

```scala
    // 根据 broker 和 topic 创建直接通过 Kafka 连接 Direct Kafka
    val kafkaParams = Map[String, Object](
      "bootstrap.servers" -> "localhost:9091,localhost:9092",// 服务器地址
      "key.deserializer" -> classOf[StringDeserializer],      //序列化类型
      "value.deserializer" -> classOf[StringDeserializer],
      "group.id" -> "kafkaOperationGroup",                    // group 设置
      "auto.offset.reset" -> "latest",                        // 从最新 offset 开始
  "enable.auto.commit" -> (false: java.lang.Boolean))        // 自动提交
    // 获取 KafkaDStream
    val kafkaDirectStream = KafkaUtils.createDirectStream[String, String](
      ssc,
      PreferConsistent,
      Subscribe[String, String](List("kafkaOperation"), kafkaParams))
    // 根据接收的 Kafka 信息,切分得到用户地址 DStream
    val nameAddrStream = kafkaDirectStream.map(_.value).filter(record => {
      // 记录以制表符切割
      val tokens = record.split("\t")
      // addr type 0
      tokens(2).toInt == 0
    }).map(record => {
      val tokens = record.split("\t")
      (tokens(0), tokens(1))
    })
    // 根据接收的 Kafka 信息,切分得到用户电话 DStream
    val namePhoneStream = kafkaDirectStream.map(_.value).filter(record => {
      val tokens = record.split("\t")
      // phone type 1
      tokens(2).toInt == 1
    }).map(record => {
      val tokens = record.split("\t")
      (tokens(0), tokens(1))
    })
    // 以用户名为 key,将地址电话配对在一起
  // 并产生固定格式的用户地址电话信息
    val nameAddrPhoneStream = nameAddrStream.join(namePhoneStream).map(
    (record => {
      s"姓名: ${record._1}, 地址: ${record._2._1}, 电话: ${record._2._2}"
    })
    // 打印输出
    nameAddrPhoneStream.print()
    // 开始运算
    ssc.start()
    ssc.awaitTermination()
  }
```

我们创建 Kafka 拉取连接,topic 及 broker 都与之前生产者的信息一致,对于从 Kafka 拉取到的数据我们利用 DStream 的 map 操作取到 value 值,然后通过 filter 操作将地址和电话的记录分开(这里用到了生产者中保存的 type 信息),对两个 DStream 做 join 操作

后，将 name 一致的记录合并在一起，通过一个 map 操作整理成输出字符串，最后利用 print 输出操作将信息打印在控制台上。

开发完所有项目后，启动验证程序，首先参考 2.3 节启动好 Spark 集群，之后利用 5.1 节和 5.2 节中介绍的方法启动 ZooKeeper 和 Kafka。分别在两个子项目下利用 mvn clean install 命令进行编译。利用如下命令启动 KafkaOperation，不断拉取 Kafka 中的数据：

```
$ nohup {your_path}/spark-2.2.0-bin-hadoop2.7/bin/spark-submit \
--class sparkstreaming_action.kafka.operation.KafkaOperation \
--num-executors 4 \
--driver-memory 1G \
--executor-memory 1g \
--executor-cores 1 \
--conf spark.default.parallelism=1000 \
target/kafkaSparkStreaming-0.1-jar-with-dependencies.jar &
```

我们可以看到 nohup.out 日志，该命令将程序设置为一个守护进程，通过 tail -f nohup.out 可以查看日志信息，可以看到类似如下日志信息：

```
-------------------------------------------
Time: 1545015892000 ms
-------------------------------------------


-------------------------------------------
Time: 1545015894000 ms
-------------------------------------------

........
```

表示程序已成功启动，由于 Kafka 当中没有最新数据，所以 Spark Streaming 不断打印出空的数据行。下面我们进入 KafkaGenerator，利用如下命令向 Kafka 中灌入我们的模拟数据：

```
$ java-cp target/kafkaGenerator-0.1-jar-with-dependencies.jar sparkstreaming_
action.kafka.generator.Producer kafkaOperation localhost:9091,localhost:
9092
```

在灌入数据后，再来观察 nohup.out 当中的日志信息，会发现我们根据用户名统计整理的数据信息如下：

```
-------------------------------------------
Time: 1545016120000 ms
-------------------------------------------
姓名: tom, 地址: beijing#100000, 电话: 16700379451
姓名: alice, 地址: shanghai#200000, 电话: 17730079427
姓名: nick, 地址: shanghai#200000, 电话: 14400033426
姓名: lulu, 地址: hangzhou#310000, 电话: 18800074423
姓名: amy, 地址: beijing#100000, 电话: 18700079458
姓名: bob, 地址: shanghai#200000, 电话: 15700079421


-------------------------------------------
Time: 1545016122000 ms
-------------------------------------------
```

可以看到 Spark Streaming 根据流式输入的信息，已经将记录整合在一起，读者可以利用 kafkaGenerator 不断向 Kafka 中灌入数据，观察日志情况。

5.6 本章小结

- ZooKeeper 是一个开源分布式服务系统，在 Kafka 和其他类似的分布式系统中都会经常使用。
- Kafka 是一种分布式消息队列，遵从经典的生产者-消费者模式，在大型分布式系统中，其往往是中转数据的重要一环。
- Spark Streaming 从 Kafka 接受数据提供了两个大版本的 API 接口 0.8 和 0.10，由于 0.10 处于试验状态，我们以 0.8 接口进行实战演练。
- 基于 Receiver 的方式在效率上比较低，并且在 0.10 版本中已经没有这种方式。
- Spark Streaming 向 Kafka 中写入数据并没有官方统一的接口，需要使用底层的 Kafka 接口自行封装。
- 在最后的小节中，我们利用 Spark Streaming 对灌入 Kafka 中的模拟数据进行了拉取分析。建议读者动手实践，理解数据流进入 Kafka，再从 Kafka 进入 Spark Streaming 最后输出到控制台的过程，以加深理解。

第 6 章 Spark Streaming 与外部存储介质

在前面几章中我们阐述了从 Kafka 提取数据的过程，并且说明了如何向 Kafka 中写入数据。而在实际生产环境中，我们会经常遇到将计算好的结果写入外部存储介质中的情况，如文件、数据库等。本节就来详细介绍如何将 Spark Streaming 中的数据写入外部的存储介质当中。

6.1 将 DStream 输出到文件中

在 4.2.2 节中我们提到了多个 Spark Streaming 提供的上层接口，用于将 DStream 输出到外部文件中，包括 saveAsObjectFiles、saveAsTextFiles、saveAsHadoopFiles，可以分别将 DStream 输出到序列化文件、文本文件及 Hadoop 文件当中。

在我们将 DStream 通过各种算子计算完毕之后，可以利用这些接口将结果输出到外部存储介质当中。下面通过一个简单的例子来讲解。对于 Spark Streaming 环境的搭建部署已经介绍过，我们可以根据 4.4 节介绍的内容新建一个 Spark Streaming 程序，然后来写一个流式处理程序，从文件中读入文本流，经过词频统计，再输出到硬盘上。代码如下：

```
package sparkstreaming_action.save2file.main

import org.apache.spark.SparkConf
import org.apache.spark.SparkContext
import org.apache.spark.streaming.StreamingContext
import org.apache.spark.streaming.Seconds

object Save2File {
  def main(args: Array[String]) {
    // Spark 配置项
    val conf = new SparkConf()
      .setAppName("Save2File_SparkStreaming")
      .setMaster("spark://127.0.0.1:7077")
```

```
    // 创建Spark Streaming上下文
    val ssc = new StreamingContext(conf, Seconds(3))
    val input = args(0) + "/input"
val output = args(0) + "/output"
// 输出读入信息校对
    println("read file name: " + input + "\nout file name: " + output)
    // 从磁盘上读取文本文件作为输入流
    val textStream = ssc.textFileStream(input)
    // 进行词频统计
    val wcStream = textStream.flatMap { line => line.split(" ") }
      .map { word => (word, 1) }
      .reduceByKey(_ + _)
    // 打印到控制台并保存为文本文件和序列化文件
wcStream.print()
// 保存到指定目录
    wcStream.saveAsTextFiles("file://" + output + "/saveAsTextFiles")
    wcStream.saveAsObjectFiles("file://" + output + "/saveAsObjectFiles")

    ssc.start()                                              // 开始计算
    ssc.awaitTermination()                                   // 等待结束
  }
}
```

代码中涉及的关键几步介绍如下：

（1）构建一个流式上下文，配置我们 Spark 集群的地址。

（2）利用 textFileStream 从传入的路径读入我们的文本文件。

（3）对文本流进行词频统计操作。

（4）利用 print、saveAsTextFiles、saveAsObjectFiles 三个输出操作将结果分别打印到控制台，并输出到文件系统中。

通过 Maven 编译好可执行文件后利用如下命令提交到 Spark 集群运行程序：

```
${root_path}/spark-2.2.0-bin-hadoop2.7/bin/spark-submit \
--class sparkstreaming_action.save2file.main.Save2File \
--num-executors 4 \
--driver-memory 1G \
--executor-memory 1g \
--executor-cores 1 \
--conf spark.default.parallelism=1000 \
target/Save2File_SparkStreaming-0.1-jar-with-dependencies.jar \
${root_path}/Save2File_SparkStreaming
```

之后便可以在 Spark 监控界面上看到我们的程序，然后将需要统计的文件复制到${root_path}/Save2File_SparkStreaming/input 目录下，程序就会自动读入新建文件夹中的内容（注意 textFileStream 只会监控读取指定目录新建文件的内容），并进行词频统计后输出，如图 6.1 所示。

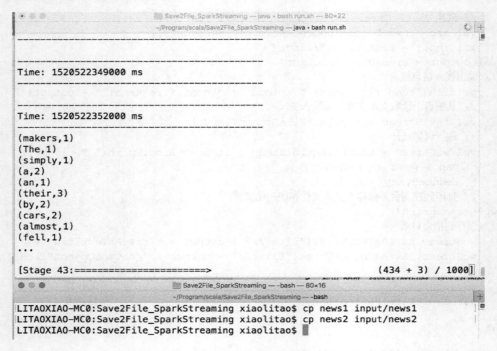

图 6.1 运行 Spark Streaming 保存文件实例

Spark Streaming 会一直运行下去,直到我们发出终止的命令,查看输出目录,会看到如下内容:

```
$ du -sh output/*
7.8M    output/saveAsObjectFiles-1520522346000
7.8M    output/saveAsObjectFiles-1520522349000
7.8M    output/saveAsObjectFiles-1520522352000
7.8M    output/saveAsObjectFiles-1520522355000
3.9M    output/saveAsTextFiles-1520522346000
3.9M    output/saveAsTextFiles-1520522349000
4.2M    output/saveAsTextFiles-1520522352000
3.9M    output/saveAsTextFiles-1520522355000
1.8M    output/saveAsTextFiles-1520522358000
$ cat output//saveAsTextFiles-1520522352000/*
(makers,1)
(The,1)
(simply,1)
(a,2)
(an,1)
(their,3)
(by,2)
(cars,2)
(almost,1)
(fell,1)
(barriers,1)
(EU,1)
(apply,1)
```

```
(car,2)
(now,1)
("wants,1)
```

我们会发现 Spark Streaming 会按照 batch 的时间顺序保存到不同的文件夹中，每个文件夹中有很多的 part 子文件，cat 相应目录的内容就可以看到统计的结果。另外我们也可以发现，以 saveAsObjectFiles 开头的文件夹存放了序列化形式保存的文件。

本节我们用一个简单的实例阐述了 Spark Streaming 中如何将 DStream 流保存到外部存储介质中，对于保存到 Hadoop 文件中这里不再阐述，感兴趣的读者可以自行尝试。

6.2 使用 foreachRDD 设计模式

DStream.foreachRDD 对于开发而言提供了很大的灵活性，但在使用时也要避免很多常见的"坑"。通常，将数据保存到外部系统中的流程是：建立远程连接→通过连接传输数据到远程系统→关闭连接。针对这个流程我们想到了下面的程序代码：

```
dstream.foreachRDD { rdd =>
  val connection = createNewConnection()        // 在 Driver 执行
  rdd.foreach { record =>
    connection.send(record)                      // 在 Worker 执行
  }
}
```

在 2.2 节中对 Spark 的 Worker 和 Driver 进行了详细的介绍，我们知道在集群模式下，上述代码中的 connection 需要通过序列化对象的形式从 Driver 发送到 Worker，但是 connection 是无法在机器之间传递的，即 connection 是无法序列化的，这样可能会引起 _serialization errors (connection object not serializable)_ 的错误。为了避免这种错误，我们在 Worker 当中建立 conenction，代码如下：

```
dstream.foreachRDD { rdd =>
  rdd.foreach { record =>
    // 建立连接
    val connection = createNewConnection()
    // 发送记录
    connection.send(record)
    // 关闭连接
    connection.close()
  }
}
```

上面的程序在运行时是没有问题的，但是这里我们忽略了一个严重的性能问题：在 RDD 的每条记录进行外部存储操作时，都需要建立和关闭连接，这个开销在大规模数据集中是很夸张的，会降低系统的吞吐量。

所以这里需要用到前面介绍的 foreachPartition，即按照 RDD 的不同分区（partition）

来遍历 RDD，再在每个分区遍历每条记录。由于每个 partition 是运行在同一 Worker 之上的，不存在跨机器的网络传输，我们便可以将外部连接的建立和关闭操作在每个分区只建立一次，代码如下：

```
dstream.foreachRDD { rdd =>
  rdd.foreachPartition { partitionOfRecords =>
    // partition 内建立连接
val connection = createNewConnection()
// 发送记录
partitionOfRecords.foreach(record => connection.send(record))
// 关闭连接
    connection.close()
  }
}
```

这样就降低了频繁建立连接的负载，通常在连接数据库时会使用连接池，把连接池的概念引入，代码优化如下：

```
dstream.foreachRDD { rdd =>
  rdd.foreachPartition { partitionOfRecords =>
    // 连接池是静态，惰性初始化的连接池
    val connection = ConnectionPool.getConnection()
    partitionOfRecords.foreach(record => connection.send(record))
    ConnectionPool.returnConnection(connection)
                                       // 将连接返回连接池，以供继续使用
  }
}
```

通过建立静态惰性初始化的连接池，我们可以循环获取连接，更进一步减少建立、关闭连接的开销。同数据库的连接池类似，我们这里所说的连接池同样应该是 lazy 的按需建立连接，并且及时地收回超时的连接。

另外值得注意的是：
- 程序中如果存在多个 foreachRDD，其会顺序执行，不会同步进行。
- 因为 DStream 对于输出操作是惰性策略（lazy），所以假设在 foreachRDD 中不添加任何 RDD 的 action 操作，Spark Streaming 仅仅会接收数据然后将数据丢弃。

6.3 将 DStream 输出到 MySQL 中

本节我们来介绍 Spark Streaming 与 MySQL 的交互操作。MySQL 非常常见，我们简单地概述一下，主要介绍如何在 Spark Streaming 中创建可序列化的类来建立 MySQL 连接。另外我们可以直接建立连接，但对于大规模存储一般要用到连接池，所以也会介绍如何应用 C3P0 连接池。

6.3.1 MySQL 概述

MySQL 作为一个关系型数据库管理系统，在各个应用场景是非常常见的，其类似于一张一张的表格，表头需要提前定好，并且每行记录有一个唯一标识的字段，即主键，然后将数据按照表头一条一条地插入；而一个数据库中往往会有多个表格，表格间会有相互依赖关系，存在外键的依赖。关系型数据库是一个非常成熟的技术，关于关系型数据库的 5 大范式这里就不再赘述，一般数据表格如表 6.1 所示。

表 6.1 MySQL数据表格

	col1	col2	col3	col4	col5
row1					
row2					
row3					

在 Spark Streaming 操作 MySQL 时，与以往使用数据库不同的是，数据量会非常庞大，往往需要考虑同一张表格根据时间进行分表的情况，这样更加便于维护数据。比如对于网上大规模用户评论进行词频统计，然后存储在 MySQL 数据库中。

因为这是一个长期的过程，如果我们将数据不断更新插入在同一张表格中，这个表格会非常巨大，并且一旦出错很难恢复，而且不容易删除过时数据，所以我们可以按照天的量级建立数据表格 word_freq_yyyy_MM_dd，其中 yyyy_MM_dd 表示年_月_日。

6.3.2 MySQL 通用连接类

在 Spark Streaming 中我们建立一个数据库连接的通用类如下：

```
import java.sql.Connection
import java.util.Properties
import com.mchange.v2.c3p0.ComboPooledDataSource
class MysqlPool extends Serializable {
  private val cpds: ComboPooledDataSource = new ComboPooledDataSource(true)
  private val conf = Conf.mysqlConfig
  try {
    // 利用 c3p0 设置 MySQL 的各类信息
    cpds.setJdbcUrl(conf.get("url").getOrElse("jdbc:mysql://127.0.0.1:3306/test_bee?useUnicode=true&amp;characterEncoding=UTF-8"));
    cpds.setDriverClass("com.mysql.jdbc.Driver");
    cpds.setUser(conf.get("username").getOrElse("root"));
    cpds.setPassword(conf.get("password").getOrElse(""))
    cpds.setMaxPoolSize(200)                // 连接池最大连接数
    cpds.setMinPoolSize(20)                 // 连接池最小连接数
    cpds.setAcquireIncrement(5)             // 每次递增数量
    cpds.setMaxStatements(180)              // 连接池最大空闲时间
  } catch {
```

```
      case e: Exception => e.printStackTrace()
    }
    // 获取连接
    def getConnection: Connection = {
      try {
        return cpds.getConnection();
      } catch {
        case ex: Exception =>
          ex.printStackTrace()
          null
      }
    }
  }
  object MysqlManager {
    var mysqlManager: MysqlPool = _
    def getMysqlManager: MysqlPool = {
      synchronized {
        if (mysqlManager == null) {
          mysqlManager = new MysqlPool
        }
      }
      mysqlManager
    }
  }
```

在每次获取 MySQL 连接时,利用 c3p0 建立连接池,从连接池中获取,进一步缩减建立连接的开销。

6.3.3 MySQL 输出操作

同样利用之前的 foreachRDD 设计模式,将 Dstream 输出到 MySQL 的代码如下:

```
dstream.foreachRDD(rdd => {
    if (!rdd.isEmpty) {
      rdd.foreachPartition(partitionRecords => {
        //从连接池中获取一个连接
        val conn = MysqlManager.getMysqlManager.getConnection
        val statement = conn.createStatement
        try {
          conn.setAutoCommit(false)
          partitionRecords.foreach(record => {
            val sql = "insert into table..."              // 需要执行的 SQL 操作
            statement.addBatch(sql)                      // 加入 batch
          })
          statement.executeBatch                         // 执行 batch
          conn.commit                                    // 提交执行
        } catch {
          case e: Exception =>
            // 做一些错误日志记录
        } finally {
          statement.close()                              // 关闭状态
          conn.close()                                   // 关闭连接
```

```
        }
    })
    }
})
```

值得注意的是：
- 在提交 MySQL 的操作的时候，并不是每条记录提交一次，而是采用了批量提交的形式，所以需要设置为 conn.setAutoCommit(false)，这样可以进一步提高 MySQL 的效率。
- 如果更新 MySQL 中带索引的字段时，会导致更新速度较慢，这种情况应想办法避免，如果不可避免，那就慢慢等吧（T^T）。

其中 Maven 配置如下：

```xml
<dependency><!--MySQL 依赖包 -->
    <groupId>mysql</groupId>
    <artifactId>mysql-connector-java</artifactId>
    <version>5.1.31</version>
</dependency>
<dependency><!--连接池依赖包-->
    <groupId>c3p0</groupId>
    <artifactId>c3p0</artifactId>
    <version>0.9.1.2</version>
</dependency>
```

6.4 将 DStream 输出到 HBase 中

与 MySQL 不同，HBase 是一个非关系型数据库，其用 Java 实现，属于 Hadoop 的一部分。像 MySQL 的数据库文件通常是存放在操作系统的文件系统当中，HBase 运行于 HDFS 文件系统之上，我们可以利用 HBase 对 Hadoop 进行大表操作。

HBase 实现了良好的压缩算法、内存操作等，具有容错性、高可靠性及良好的伸缩性，并且善于存储海量的稀疏数据。我们可以利用 Java API 直接操作 HBase，另外也可以通过 REST、Thrift 来访问，而针对 Hadoop 的 Map、Reduce 操作，HBase 能够直接作为 Hadoop 操作的输入/输出。

HBase 是一个中非常大的集群式分布式数据库，通常在企业和云服务上会有专门的运维人员管控，本节我们不过多地赘述 HBase 的运维细节，在 6.2 节的基础上介绍将 Spark Streaming 的 Dstream 输出到外部系统的基本设计模式，考虑如何将 Dstream 输出到 HBase 集群上。

6.4.1 HBase 概述

HBase 也是常见的数据库，这里简单介绍一下。HBase 最明显的特点是：面向列，以行排序。通常 HBase 的表格由多个列族构成,而每个列族由多个列构成,而每一列由多个键值对构成,每个单元格都有时间戳,通常数据如表 6.2 所示。

表格 6.2　HBase数据表格

Row Key	Column Family1		Column Family2		Time Stamp
	col1	col2	col3	col4	
row_key	c1	c2	c3	c4	t1

可以看到与面向行的数据库最主要的区别是,其以列族来进行划分,更加适合在线分析处理和设计巨大的表。HBase 相较于 MySQL,更加偏向于创建宽表,存储大规模数据,没有任何事务、固定列模式的概念。

HBase 依赖于 HDFS 和 ZooKeeper,通常在部署时,由客户端库、主服务器和区域服务器 3 部分构成,其中,区域服务器是可以动态添加删除的,如图 6.2 所示。

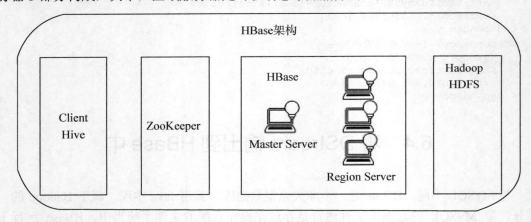

图 6.2　HBase 架构

6.4.2　HBase 通用连接类

Scala 连接 HBase 是通过 ZooKeeper 获取信息的,所以在配置时需要提供 ZooKeeper 的相关信息,代码如下:

```
import org.apache.hadoop.hbase.HBaseConfiguration
import org.apache.hadoop.hbase.client.Connection
import org.apache.hadoop.hbase.HConstants
import org.apache.hadoop.hbase.client.ConnectionFactory

object HbaseUtil extends Serializable {
  private val conf = HBaseConfiguration.create()
  // Conf 为配置类,获取 HBase 的配置
  private val para = Conf.hbaseConfig
  conf.set(HConstants.ZOOKEEPER_CLIENT_PORT, para.get("port").getOrElse
```

```
    ("2181"))
    conf.set(HConstants.ZOOKEEPER_QUORUM, para.get("quorum").getOrElse
    ("127-0-0-1"))   // hosts
    private val connection = ConnectionFactory.createConnection(conf)
    // 获取HBase连接
    def getHbaseConn: Connection = connection
}
```

当多线程访问时，可以建立 HConnection 来起到连接池的作用，但是由于 HConnection 是全局的，存在序列化问题，我们并没有使用连接池。

6.4.3 HBase 输出操作

下面以 put 操作为例，演示将上述设计模式应用到 HBase 输出操作当中，代码如下：

```
dstream.foreachRDD(rdd => {
  if (!rdd.isEmpty) {
    rdd.foreachPartition(partitionRecords => {
      val connection = HbaseUtil.getHbaseConn       // 获取HBase连接
      partitionRecords.foreach(data => {
        // 设置表名
        val tableName = TableName.valueOf("tableName")
        // 获取指定表的链接
val t = connection.getTable(tableName)
        try {
          // 指定行键值
          val put = new Put(Bytes.toBytes(_rowKey_)) // row key
          // column, qualifier, value
          put.addColumn(_column_.getBytes, _qualifier_.getBytes,
          _value_.getBytes)
          Try(t.put(put)).getOrElse(t.close())
          // do some log（显示在Worker上）
        } catch {
          case e: Exception =>
            // log error
            e.printStackTrace()
        } finally {
          t.close()
        }
      })
    })
    // do some log（显示在driver上）
  }
})
```

关于 HBase 的其他操作，可以参考 Spark 下操作 HBase（1.0.0 版本的新 API 接口）的文档，其中 Maven 配置如下：

```
<dependency><!--HBase 客户端包 -->
    <groupId>org.apache.hbase</groupId>
    <artifactId>hbase-client</artifactId>
    <version>1.0.0</version>
```

```xml
</dependency>
<dependency><!--HBase 公共依赖包-->
    <groupId>org.apache.hbase</groupId>
    <artifactId>hbase-common</artifactId>
    <version>1.0.0</version>
</dependency>
<dependency><!--Hbase 服务包-->
    <groupId>org.apache.hbase</groupId>
    <artifactId>hbase-server</artifactId>
    <version>1.0.0</version>
</dependency>
```

6.4.4 "填坑"记录

注意,在 HBase 连接过程中,需要配置 HConstants.ZOOKEEPER_QUORUM:
- 由于 HBase 的连接不能直接使用 IP 地址进行访问,往往需要配置 hosts,例如在上述代码段中 127-0-0-1(任意),在 hosts 中需要配置 127-0-0-1 127.0.0.1。
- 在单机情况下,只需要配置一台 ZooKeeper 所在 HBase 的 hosts 即可,但是当切换到 HBase 集群时可能会遇到一些问题。
- 问题描述:在 foreachRDD 中将 Dstream 保存到 HBase 时会卡住,并且没有任何错误信息提示(没错!它就是卡住,没反应)。
- 问题分析:由于 HBase 集群有多台机器,而我们只配置了一台 HBase 机器的 hosts,这样导致 Spark 集群在访问 HBase 时不断去寻找集群节点但却找不到,所以就卡在那里。
- 解决方式:通过对每个 Worker 节点的 hosts 配置所有 HBase 节点 IP 来解决。

因此,读者在从单机切换到集群的过程中,一定要注意配置问题。

6.5 将 DStream 数据输出到 Redis 中

MySQL 和 HBase 数据库还有表的概念,而 Redis 数据库是一个非常简单的键值对(Key-Value)型数据库,通常作为内存型数据库被使用,也可进行持久化操作。我们可以将字符串及各种集合(Map、List、Set、Sorted Set)等类型存入到 Redis 中。

6.5.1 Redis 安装

Redis 一般在公司或者云服务器上都已经配置好,可以直接使用,无须过多地关注运维事宜,所以这里我们简单介绍下 Redis 的安装,方便后续实例的调试,并不过多赘述运维的细节,主要介绍 Spark Streaming 如何与 Redis 交互。

关于 Redis 的安装,也分不同的平台,如果在 Windows 平台,可以在官方网站

https://github.com/MicrosoftArchive/redis/releases 下载最新的 Redis 包，解压或者安装，之后在命令行使用如下命令：

```
${redis_path}/redis-server.exe redis.windows.conf
```

便可以启动 Redis 服务，之后在另一个窗口执行命令：

```
${redis_path}/redis-cli.exe -h 127.0.0.1 -p 6379
```

我们可以利用 set myKey abc 和 get myKey 来查看 Redis 服务的运行情况。

在 Linux 平台下，可以在官网 http://redis.io/download 下载最新版本的 Redis，使用如下命令：

```
$ wget http://download.redis.io/releases/redis-4.0.11.tar.gz
$ tar xzf redis-4.0.11.tar.gz
$ cd redis-4.0.11
$ make
```

如果在 Ubuntu 或者 Mac OS 系统下，可以使用包管理工具进行安装。Ubuntu 安装运行命令如下：

```
$ sudo apt-get update
$ sudo apt-get install redis-server
$ redis-server
$ redis-cli
```

Mac OS 安装运行命令如下：

```
$ brew install redis
$ brew services start redis 或者$ redis-server /usr/local/etc/redis.conf
```

6.5.2　Redis 概述

与 6.3 和 6.4 节中介绍的 MySQL 和 HBase 数据库不同，Redis 是一个键值数据库存储系统，并没有复杂的关系、列之类的网络，并且 Redis 是完全保存在内存中，仅使用磁盘进行持久化。

Redis 支持 5 种数据类型，即字符串、散列/哈希、列表、集合、可排序集合，我们可以通过 Redis 命令在 Redis 服务器上执行一些操作。要在 Redis 服务器上运行命令，需要一个 Redis 客户端。Redis 客户端在 Redis 包中有提供，这个包在 6.5.1 节安装 Redis 时就已经安装过了。我们可以使用 SET/GET 命令存取字符串，使用 lpush/lrange 命令进行列表的存取操作，使用 HMSET/HGET 命令进行哈希操作，使用 sadd/smembers 命令存取集合等，这里由于篇幅所限我们不再详细介绍赘述，读者可以在官网查看具体命令，网址为 http://www.redis.cn/commands.html#。

6.5.3　Redis 通用连接类

在 Scala 和 Java 中使用 Redis，通过 Jedis 包来实现，网址为 https://github.com/xetorthio/

jedis。Jedis 是一个非常小巧的 Redis Java 客户端，易于使用并且兼容 Redis 的 2.8.x 和 3.x.x 版本。在 Maven 中加入该包：

```xml
<dependency><!-- Redis Jedis 依赖包 -->
  <groupId>redis.clients</groupId>
  <artifactId>jedis</artifactId>
  <version>2.9.0</version>
  <type>jar</type>
  <scope>compile</scope>
</dependency>
```

基于 Jedis 连接 Redis 的通用类如下：

```scala
import org.apache.commons.pool2.impl.GenericObjectPoolConfig
import redis.clients.jedis.JedisPool

object RedisUtils extends Serializable {
  var readJedis: Jedis = _
  var writeJedis: Jedis = _
  // 验证 Redis 连接
  def checkAlive {
    // 判断是否连接可用
    if (!isConnected(readJedis))
      readJedis = reConect(readJedis)
    if (!isConnected(writeJedis))
      writeJedis = reConect(writeJedis)
  }
  // 获取 Redis 连接
  def getConn(ip: String, port: Int, passwd: String) = {
    val jedis = new Jedis(ip, port, 5000)
    jedis.connect
    if (passwd.length > 0)
      jedis.auth(passwd)
    jedis
  }
  // 查看连接是否可用
  def isConnected(jedis: Jedis) = jedis != null && jedis.isConnected
  // 重新连接
  def reConect(jedis: Jedis) = {
    println("reconnecting ...")
    disConnect(jedis)
    getConn(Conf.redisIp, Conf.redisPort, Conf.passwd)
  }
  // 释放连接
  def disConnect(jedis: Jedis) {
    if (jedis != null && jedis.isConnected()) {
      jedis.close
    }
  }
}
```

该 Redis 通用类包含了很多有用的操作，如自动重连和删除连接等，我们在使用时利用 CheckAlive()函数获取连接即可。

6.5.4 输出 Redis 操作

将 DStream 数据输出到 Redis 中时，同样也需要利用 6.2 节中介绍的 foreachRDD 设计模式，具体如下：

```
stream.foreachRDD(rdd =>
rdd.foreachPartition(it => {
 val conn = RedisUtils.checkAlive
     while (it.hasNext) {
       // 做一些有用的操作
     }
     updateRedis(conn)
   }
}))
```

同样，我们需要将 Redis 连接建立操作放在每个 partition 中，在做了一定操作后，利用连接更新 Redis，在第 9 章的实际案例中还会详细讲解。

6.6 实例——日志分析

在本章中我们提到 Spark Streaming 对各种数据库的操作，就会想到 Spark 中另一个组件 Spark SQL，由于本书的整个主题以 Spark Streaming 为主进行贯穿，所以并没有单独开辟章节来介绍 Spark SQL。为了读者知识体系的完整性，在本节的实例中，我们结合 Spark Streaming、Spark SQL 对数据库进行一些实际操作，读者在有需求的场景中可以参考。

首先简单说说 Spark SQL。从官网的说明文档中可以看出，Spark SQL 是 Spark 提供的用来有效处理结构化数据的组件，其并不像 RDD 的接口，提供了更多关于结构化数据计算的接口，我们可以使用 SQL 语句或者 Dataset 的接口进行操作。在 Spark SQL 中，包含两种核心数据结构：Datasets 和 DataFrames。

Datasets 是在 Spark 1.6 之后引入的，能够依赖 RDD 的优势（强类型，使用强大的 Lambda 函数的能力）并且可以使用 Spark SQL 更优化的执行引擎。Datasets 允许从 JVM 对象构造数据集，然后使用功能转换（如 map、flatMap、filter 等）进行操作（目前仅支持 Scala 和 Java，Python 可以利用动态特性来使用）。

DataFrames 是一个列名集合，类似于关系型数据库中的表格，不过在底层做了大量优化，DataFrames 可以从结构化数据文件、Hive 表格、外部数据库或现有 RDD 来构建。DataFrame API 在 Scala、Java、Python 和 R 中都可用。在 Scala 和 Java 中，DataFrame 由行数据集表示。在 Scala API 中，DataFrame 只是 Dataset [Row]的类型别名。而在 Java API 中，我们需要使用数据集<Row>来表示 DataFrame。

关于 Spark SQL 的一些细节，由于不是本书的重点，这里就不再赘述，读者可以在官网查阅相关资料，在本实例中用到的 Spark SQL 知识，我们会给出详细的注解。

关于日志分析是一个非常实用的场景，因为对于大数据处理中每天产生的海量日志，人工去看是不可能完成的，所以从中挖掘出有用的日志信息再进行人工筛选是非常有用的。因为日志是不断产生的，利用 Spark Streaming 的 textFileStream 便可以监控某个指定目录，进行实时分析，之后利用 SparkSQL 做一些筛选分析后写入 MySQL 数据库中，后续可以利用数据库中的内容做一些展示等。

下面我们来完成一个小实例，任务是利用 Spark Streaming 从文件目录中读入日志信息，日志内容包含日志级别、函数名、日志内容，需要做的是对读入的日志信息流进行指定筛选（比如日志级别为 error 或者 warn），并输出到外部 MySQL 数据库当中。

本例我们做了简化，在真实的场景中，日志分析往往是一个复杂的过程，这里我们简化了日志内容，读者更多应关注分析的流程，在实际使用时根据场景进行优化添加即可。

我们同样建立项目名 logAnalysis，将 Scala 特性添加到项目中，在本实例中需要依赖 Spark、Spark Streaming、Spark SQL 及 MySQL 等，所以依赖如下：

```xml
<modelVersion>4.0.0</modelVersion>
<groupId>com</groupId><!--组织名-->
<artifactId>logAnalysis</artifactId><!--项目名-->
<version>0.1</version><!--版本号-->

<dependencies>
<dependency> <!--Spark 核心依赖包 -->
 <groupId>org.apache.spark</groupId>
 <artifactId>spark-core_2.11</artifactId>
 <version>2.3.0</version>
 <scope>provided</scope><!--运行时提供，打包不添加，Spark 集群已自带-->
</dependency>
<dependency> <!-- Spark Streaming 依赖包 -->
 <groupId>org.apache.spark</groupId>
 <artifactId>spark-streaming_2.11</artifactId>
 <version>2.3.0</version>
 <scope>provided</scope><!--运行时提供，打包不添加，Spark 集群已自带-->
</dependency>
<dependency><!-- Spark SQL 依赖包 -->
 <groupId>org.apache.spark</groupId>
 <artifactId>spark-sql_2.11</artifactId>
 <version>2.3.0</version>
</dependency>
<dependency><!--Mysql 依赖包 -->
 <groupId>mysql</groupId>
 <artifactId>mysql-connector-java</artifactId>
 <version>5.1.31</version>
</dependency>
<dependency><!--Log 日志依赖包 -->
 <groupId>log4j</groupId>
 <artifactId>log4j</artifactId>
 <version>1.2.17</version>
</dependency>
```

```xml
    <dependency>
      <groupId>org.slf4j</groupId><!--日志依赖接口-->
      <artifactId>slf4j-log4j12</artifactId>
      <version>1.7.12</version>
    </dependency>
  </dependencies>

  <build>
    <plugins>
      <!--混合 Scala/Java 编译-->
      <plugin><!--scala 编译插件-->
        <groupId>org.scala-tools</groupId>
        <artifactId>maven-scala-plugin</artifactId>
        <executions>
          <execution>
            <id>compile</id>
            <goals>
              <goal>compile</goal>
            </goals>
            <phase>compile</phase>
          </execution>
          <execution>
            <id>test-compile</id>
            <goals>
              <goal>testCompile</goal>
            </goals>
            <phase>test-compile</phase>
          </execution>
          <execution>
            <phase>process-resources</phase>
            <goals>
              <goal>compile</goal>
            </goals>
          </execution>
        </executions>
      </plugin>
      <plugin><!--Maven 编译插件-->
        <artifactId>maven-compiler-plugin</artifactId>
        <configuration>
          <source>1.7</source><!--设置Java源-->
          <target>1.7</target>
        </configuration>
      </plugin>
      <!-- for fatjar -->
      <plugin><!--将所有依赖包打入同一个jar包-->
        <groupId>org.apache.maven.plugins</groupId>
        <artifactId>maven-assembly-plugin</artifactId>
        <version>2.4</version>
        <configuration>
          <descriptorRefs>
            <descriptorRef>jar-with-dependencies</descriptorRef><!--jar包的后缀名-->
          </descriptorRefs>
        </configuration>
        <executions>
```

```xml
      <execution>
        <id>assemble-all</id>
        <phase>package</phase>
        <goals>
         <goal>single</goal>
        </goals>
       </execution>
      </executions>
    </plugin>
    <plugin><!--Maven 打包插件-->
     <groupId>org.apache.maven.plugins</groupId>
     <artifactId>maven-jar-plugin</artifactId>
     <configuration>
      <archive>
       <manifest>
         <addClasspath>true</addClasspath><!--添加类路径-->
   <!--设置程序的入口类-->
         <mainClass>sparkstreaming_action.log.analysis.LogAnalysis</mainClass>
       </manifest>
      </archive>
     </configuration>
    </plugin>
   </plugins>
  </build>
```

在项目中新建 package，起名为 Spark Streaming_action.log.analysis，并创建一个新的 Scala Object，起名为 LogAnalysis，全部建好后，项目结构如图 6.3 所示。

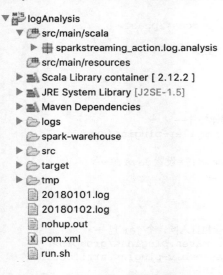

图 6.3　logAnalysis 实例项目结构

下面开始编写实例代码，整体流程是创建 Spark Streaming 从文件读取的数据流，对数据流中的文本内容进行分析切割成我们内部的数据类型，然后映射到 Spark SQL 中，做一些简单的筛选，最后输出到外部数据库当中，以供查看，核心代码如下：

```scala
import java.util.Properties
import org.apache.spark.SparkConf
import org.apache.spark.rdd.RDD
import org.apache.spark.sql.SaveMode
import org.apache.spark.sql.SparkSession
import org.apache.spark.sql.types.StringType
import org.apache.spark.sql.types.StructField
import org.apache.spark.sql.types.StructType
import org.apache.spark.streaming.Seconds
import org.apache.spark.streaming.StreamingContext

case class Record(log_level: String, method: String, content: String)
object LogAnalysis extends App {
  // Spark 配置项
  val sparkConf = new SparkConf().setAppName("LogAnalysis").setMaster
  ("spark://localhost:7077")
    .set("spark.local.dir", "./tmp")
  // 利用 SparkSession 建立上下文
val spark = SparkSession.builder()
    .appName("LogAnalysis")
    .config(sparkConf)
    .getOrCreate()
  // 建立 Spark 上下文
val sc = spark.sparkContext
  // 建立流式处理上下文
val ssc = new StreamingContext(sc, Seconds(2))

  // MySQL 配置
  val properties = new Properties()
  // 读者根据实际情况配置
  properties.setProperty("user", "root")
  properties.setProperty("password", "root")

  // 读入日志文件目录下的日志信息流
  val logStream = ssc.textFileStream("./logs")
  // 将日志信息流转换为 Spark SQL 的 dataframe
  logStream.foreachRDD((rdd: RDD[String]) => {
    import spark.implicits._
    val data = rdd.map(w => {
      val tokens = w.split("\t")
      Record(tokens(0), tokens(1), tokens(2))
    }).toDF()
    data.createOrReplaceTempView("alldata")

    // 条件筛选
    val logImp = spark.sql("select * from alldata where log_level='[error]'
    or log_level='[warn]'")
    logImp.show()
```

```
    // 输出到外部 MySQL 中
    // 与 MySQL 表格对应的类型设置
      val schema = StructType(Array(StructField("log_level", StringType, true)
        , StructField("method", StringType, true)
        , StructField("content", StringType, true)))
      // 写入 MySQL
      logImp.write.mode(SaveMode.Append)
        .jdbc("jdbc:mysql://localhost:3306/log_analysis", "important_logs",
        properties)
    })
    ssc.start() // 开始计算
    ssc.awaitTermination() // 等待结束
}
```

整个流程非常清晰，注意 Spark Streaming 的 TextFileStream()函数，在 4.3.2 节中有提到多种不同的数据源，这里使用了文件系统作为 Spark Streaming 的数据源。

由于 SparkSQL 只能在 RDD 上操作，所以通过 foreachRDD 内部利用 Map 将数据流映射到内部类 Record，然后转换成 DataFrames，注意，Spark SQL 在操作时需要创建一个临时的视图 createOrReplaceTempView，之后我们直接利用 SQL 语句在临时视图上将日志内容中的[error]和[warn]选出。

最后根据数据库表格及表格内字段的名字和类型，创建表格模式，这里读者可以关注下 SparkSQL 内的类型与 MySQL 中的数据类型对应如下：

```
field.dataType match {
    case IntegerType => "INTEGER"
    case LongType => "BIGINT"
    case DoubleType => "DOUBLE PRECISION"
    case FloatType => "REAL"
    case ShortType => "INTEGER"
    case ByteType => "BYTE"
    case BooleanType => "BIT(1)"
    case StringType => "TEXT"/"VARCHAR"
    case BinaryType => "BLOB"
    case TimestampType => "TIMESTAMP"
    case DateType => "DATE"
    case t: DecimalType => s"DECIMAL(${t.precision},${t.scale})"
    case _ => throw new IllegalArgumentException(s"Don't know how to save
    $field to JDBC")
})
```

这里我们主要用到了 StringType，映射到 MySQL 表格中的 varchar 类型，对于写入数据表格的模式 mode，包含以下几种类型，下面具体说明。

- SaveMode.Append：数据尾部添加，不会修改原有数据记录。
- SaveMode.Overwrite：覆盖原表数据，只保留新的数据。
- SaveMode.ErrorIfExists：如果表格已存在，抛出 Table user already exists 异常，默认为此状态。

- SaveMode.Ignore：数据表格如果有数据，新数据会被丢弃。

在本例中我们使用了 SaveMode.Append 模式，将数据不断地追加在数据表格之后，方便查看不同时间的重要日志信息。

另外，在 MySQL 的配置上，读者需要换成自己本地的 MySQL 环境。

下面我们运行整个日志分析实例，通过 mvn clean install 命令将整个程序编译好，然后利用如下命令将 jar 包提交到 Spark 集群中运行：

```
$ nohup {your_path}/spark-2.2.0-bin-hadoop2.7/bin/spark-submit \
--class sparkstreaming_action.log.analysis.LogAnalysis \
--num-executors 4 \
--driver-memory 1G \
--executor-memory 1g \
--executor-cores 1 \
--conf spark.default.parallelism=1000 \
--driver-class-path
{your_maven_path}/.m2/repository/mysql/mysql-connector-java/5.1.31/mysql-connector-java-5.1.31.jar \
target/logAnalysis-0.1-jar-with-dependencies.jar &
```

在这次提交命令中，可以发现多了一项，即将 MySQL 连接器的 jar 包也提交到了集群上，因为如果不提交这个 jar 包，对于多机器的集群无法找到对应的驱动器，会提示 No suitable driver 的错误。

在运行成功后，利用 tail -f nohup.out 监控输出的日志，可以看到如下信息：

```
+---------+------+-------+
|log_level|method|content|
+---------+------+-------+
+---------+------+-------+
......
```

这是利用 logImp.show() 打印出的日志信息，下面我们将日志文件添加到 logs 中。注意，Spark Streaming 会根据文件的创建修改日期来判断是否需要再读入，所以在放入前要先对模拟日志文件进行一些修改，我们模拟的日志文件类似如下格式：

```
[info]    main20180101-list size is 10
[info]    main20180101-list size is 11
[info]    main20180101-list size is 12
[info]    main20180101-list size is 13
[info]    main20180101-list size is 14
[info]    main20180101-list size is 15
[warn]    calculate   20180101-zero denominator warning!
[info]    main20180101-list size is 16
[info]    main20180101-list size is 17
[error]   readFile20180101-nullpointer file
[info]    main20180101-list size is 18
[info]    main20180101-list size is 19
[info]    main20180101-list size is 20
```

然后将日志信息复制到 logs 目录下，可以在控制台的信息中看到类似如下信息：

```
+---------+---------+--------------------+
|log_level|   method|             content|
+---------+---------+--------------------+
|   [warn]|calculate|20180102-zero den...|
|  [error]| readFile|20180102-nullpoin...|
+---------+---------+--------------------+
```

说明我们已经成功将错误和警告日志提取出来，查看数据库可以看到如图 6.4 所示的信息。

id	log_level	method	content
1	[warn]	calculate	20180101-zero denominator warning!
2	[error]	readFile	20180101-nullpointer file
3	[warn]	calculate	20180102-zero denominator warning!
4	[error]	readFile	20180102-nullpointer file

图 6.4　日志分析实例数据库信息

我们看到，数据库中已经存好了刚才筛选好的日志信息，这时便可以根据数据库的内容做进一步的操作，如搭建一个网页，作为日志分析页面等。

在 Spark 监控页面，不同于之前的应用，在详情页会多出一个 Spark SQL 的界面，如图 6.5 所示。

图 6.5　日志分析 Spark 监控详情页

在这里读者可以观察到 Spark SQL 的各类操作，我们这里使用了 show 和 jdbc 操作。

6.7　本章小结

- DStream 可以通过 saveAsObjectFiles、saveAsTextFiles 和 saveAsHadoopFiles 这 3 种

API 以文件的形式保存到外部存储介质中。
- Spark Streaming 提供了 foreachRDD 的偏底层接口,可以利用该接口对 DStream 中的每个 RDD 进行操作,输出到任意介质中。
- 对于 HBase、MySQL 和 Redis,以 partition 这个物理单位建立连接操作,一方面减少了反复建立连接的开销,另一方面也规避了连接没法序列化传输的问题。
- 对于 MySQL 和 Redis 的具体实例,会在第 8 章和第 9 章中给出。
- 对于 Spark Streaming 的输出操作,我们结合 Spark SQL,以日志分析的实际案例为背景,结合了读入分析到输出的整个过程。建议读者将这个实例完整地运行起来,并在 Spark SQL 这一部分做更多的分析,比如选择日志中指定函数的日志信息,存到外部数据库中。

第 7 章 Spark Streaming 调优实践

前面我们已经了解了 Spark 和 Spark Streaming 的基本原理。当我们将应用部署在集群上时，可能会碰到运行慢、占用过多资源、不稳定等问题，这时需要做一些优化才能达到最好的性能。有时候一个简单的优化可以起到化腐朽为神奇的作用，使得程序能够更加有效率，也更加节省资源。本章我们就来介绍一些能够提高应用性能的参数和配置。

另外需要指出的是，优化本身是一个具体性很强的事情，不同的应用及落地场景会有不同的优化方式，并没有一个统一的优化标准。本章我们将一些常用的和在项目中踩过的"坑"总结一下，列举以下常见的优化方式。

7.1 数据序列化

在分布式应用中，序列化（serialization）对性能的影响是显著的。如果使用一种对象序列化慢、占用字节多的序列化格式，就会严重降低计算效率。通常在 Spark 中，主要有如下 3 个方面涉及序列化：
- 在算子函数中使用到外部变量时，该变量会被序列化后进行网络传输。
- 将自定义的类型作为 RDD 的泛型类型时，所有自定义类型对象都会进行序列化。因此这种情况下，也要求自定义的类必须实现 Serializable 接口。
- 使用可序列化的持久化策略时（比如 MEMORY_ONLY_SER），Spark 会将 RDD 中的每个 partition 都序列化成一个大的字节数组。

而 Spark 综合考量易用性和性能，提供了下面两种序列化库。
- Java 序列化：默认情况下，Spark 使用 Java 的对象输出流框架（ObjectOutputStream framework）来进行对象的序列化，并且可用在任意实现 Java.io.Serializable 接口的自定义类上。我们可以通过扩展 Java.io.Externalizable 来更加精细地控制序列化行为。Java 序列化方式非常灵活，但是通常序列化速度非常慢而且对于很多类会产生非常巨大的序列化结果。
- Kryo 序列化：Spark 在 2.0.0 以上的版本可以使用 Kryo 库来非常快速地进行对象序列化，Kryo 要比 Java 序列化更快、更紧凑（10 倍），但是其不支持所有的 Serializable 类型，并且在使用自定义类之前必须先注册。

我们可以在初始化 SparkConf 时，调用 conf.set(" spark.serializer ", " org.apache.spark.

serializer.KryoSerializer "）来使用 Kryo。一旦进行了这个配置，Kryo 序列化不仅仅会用在 Shuffling 操作时 worker 节点间的数据传递，也会用在 RDDs 序列化到硬盘的过程。

Spark 官方解释没有将 Kryo 作为默认序列化方式的唯一原因是，Kryo 必须用户自己注册（注意如果我们不注册自定义类，Kryo 也是可以正常运行的，但是它必须存储每个对象的完整类名，这是非常浪费的），但是其推荐在网络频繁传输的应用中使用 Kryo。

另外值得注意的是，在 Spark 2.0.0 之后，Spark 已经默认将 Kryo 序列化作为简单类型（基本类型、基本类型的数组及 string 类型）RDD 进行 Shuffling 操作时传输数据的对象序列化方式。

Spark 已经自动包含注册了绝大部分 Scala 的核心类，如果需要向 Kryo 注册自己的类别，可以使用 registerKryoClasses 方法。使用 Kryo 的代码框架如下：

```
// Spark 配置项
val conf = new SparkConf().setMaster(...).setAppName(...)
conf.set("spark.serializer",   "org.apache.spark.serializer.KryoSerializer")
                                                        // 配置序列化方式
conf.registerKryoClasses(Array(classOf[MyClass1], classOf[MyClass2]))
                                                        // 注册需要序列化的类
val sc = new SparkContext(conf)
```

如果我们的对象非常大，可能需要增加 Spark.kryoserializer.buffer 的配置。

同样在 Spark Streaming 中，通过优化序列化格式可以缩减数据序列化的开销，而在 Streaming 中还会涉及以下两类数据的序列化。

- 输入数据：在 4.4.1 节中曾讲过，Spark Streaming 中不同于 RDD 默认是以非序列化的形式存于内存当中，Streaming 中由接收器（Receiver）接收而来的数据，默认是以序列化重复形式（StorageLevel.MEMORY_AND_DISK_SER_2）存放于 Executor 的内存当中。而采用这种方式的目的，一方面是由于将输入数据序列化为字节流可以减少垃圾回收（GC）的开销，另一方面对数据的重复可以对 Executor 节点的失败有更好的容错性。同时需要注意的是，输入数据流一开始是保存在内存当中，当内存不足以存放流式计算依赖的输入数据时，会自动存放于硬盘当中。而在 Streaming 中这部分序列化是一个很大的开销，接收器必须先反序列化（deserialize）接收到的数据，然后再序列化（serialize）为 Spark 本身的序列化格式。

- 由 Streaming 操作产生 RDD 的持久化：由流式计算产生的 RDDs 有可能持久化在内存当中，例如由于基于窗口操作的数据会被反复使用，所以会持久化在内存当中。值得注意的是，不同于 Spark 核心默认使用非序列化的持久化方式（StorageLevel.MEMORY_ONLY），流式计算为了减少垃圾回收（GC）的开销，默认使用了序列化的持久化方式（StorageLevel.MEMORY_ONLY_SER）。

不管在 Spark 还是在 Spark Streaming 中，使用 Kryo 序列化方式，都可以减少 CPU 和内存的开销。而对于流式计算，如果数据量不是很大，并且不会造成过大的垃圾回收（GC）开销，我们可以考虑利用非序列化对象进行持久化。

例如，我们使用很小的批处理时间间隔，并且没有基于窗口的操作，可以通过显示设置相应的存储级别来关闭持久化数据时的序列化，这样可以减少序列化引起的 CPU 开销，但是潜在的增加了 GC 的开销。

7.2 广播大变量

在 7.1 我们可以看出，不论 Spark 还是 Spark Streaming 的应用，在集群节点间进行数据传输时，都会有序列化和反序列化的开销，而如果我们的应用有非常大的对象时，这部分开销是巨大的。比如应用中的任何子任务需要使用 Driver 节点的一个大型配置查询表，这时就可以考虑将该表通过共享变量的方式，广播到每一个子节点，从而大大减少在传输和序列化上的开销。

另外，Spark 在 Master 节点会打印每个任务的序列化对象大小，我们可以通过观察任务的大小，考虑是否需要广播某些大变量。通常一个任务的大小超过 20KB，是值得去优化的。

当我们将大型的配置查询表广播出去时，每个节点可以读取配置项进行任务计算，那么假设配置发生了动态改变时，如何通知各个子节点配置表更改了呢？（尤其是对于流式计算的任务，重启服务代价还是蛮大的。）

而 3.7.2 节中对广播变量的介绍中我们知道，广播变量是只读的，也就是说广播出去的变量没法再修改，那么应该怎么解决这个问题呢？我们可以利用 Spark 中的 unpersist() 函数，在 3.6 节中曾经提到过这个函数，Spark 通常会按照 LRU（least Recently Used）即最近最久未使用原则对老数据进行删除，我们并不需要操作具体的数据，但如果是手动删除，可以使用 unpersist() 函数。

所以这里更新广播变量的方式是，利用 unpersist() 函数先将已经发布的广播变量删除，然后修改数据后重新进行广播，我们通过一个广播包装类来实现这个功能，代码如下：

```scala
import java.io.{ ObjectInputStream, ObjectOutputStream }
import org.apache.spark.broadcast.Broadcast
import org.apache.spark.streaming.StreamingContext
import scala.reflect.ClassTag
// 通过包装器在 DStream 的 foreachRDD 中更新广播变量
// 避免产生序列化问题
case class BroadcastWrapper[T: ClassTag](
    @transient private val ssc: StreamingContext,
    @transient private val _v: T) {
  @transient private var v = ssc.sparkContext.broadcast(_v)
  def update(newValue: T, blocking: Boolean = false): Unit = {
    // 删除RDD是否需要锁定
    v.unpersist(blocking)
    v = ssc.sparkContext.broadcast(newValue)
  }
  def value: T = v.value
```

```
private def writeObject(out: ObjectOutputStream): Unit = {
  out.writeObject(v)
}
private def readObject(in: ObjectInputStream): Unit = {
  v = in.readObject().asInstanceOf[Broadcast[T]]
}
}
```

利用 wrapper 更新广播变量,可以动态地更新大型的配置项变量,而不用重新启动计算服务,大致的处理逻辑如下:

```
// 定义
val yourBroadcast = BroadcastWrapper[yourType](ssc, yourValue)

yourStream.transform(rdd => {
  //定期更新广播变量
  if (System.currentTimeMillis - someTime > Conf.updateFreq) {
    yourBroadcast.update(newValue, true)
  }
  // do something else
})
```

7.3 数据处理和接收时的并行度

作为分布式系统,增加接收和处理数据的并行度是提高整个系统性能的关键,也能够充分发挥集群机器资源。

关于 partition 和 parallelism。partition 指的就是数据分片的数量,每一次 Task 只能处理一个 partition 的数据,这个值太小了会导致每片数据量太大,导致内存压力,或者诸多 Executor 的计算能力无法充分利用;但是如果 partition 太大了则会导致分片太多,执行效率降低。

在执行 Action 类型操作的时候(比如各种 reduce 操作),partition 的数量会选择 parent RDD 中最大的那一个。而 parallelism 则指的是在 RDD 进行 reduce 类操作的时候,默认返回数据的 parition 数量(而在进行 map 类操作的时候,partition 数量通常取自 parent RDD 中较大的一个,而且也不会涉及 Shuffle,因此这个 parallelism 的参数没有影响)。

由上述可得,partition 和 parallelism 这两个概念密切相关,都是涉及数据分片,作用方式其实是统一的。通过 Spark.default.parallelism 可以设置默认的分片数量,而很多 RDD 的操作都可以指定一个 partition 参数来显式控制具体的分片数量,如 reduceByKey 和 reduceByKeyAndWindow。

在 5.3 节中曾介绍过 Spark Streaming 接收 Kafka 数据的方式,这个过程有一个数据反序列化并存储到 Spark 的开销,如果数据接收成为了整个系统的瓶颈,那么可以考虑增加数据接收的并行度。每个输入 DStream 会创建一个单一的接收器(receiver 在 worker 节点运行)用来接收一个单一的数据流。而对于接收多重数据的情况,可以创建多个输入

DStream 用来接收源数据流的不同分支（partitions）。

如果我们利用 Receiver 的形式接收 Kafka，一个单一的 Kafka 输入 DStream 接收了两个不同 topic 的数据流，我们为了提高并行度可以创建两个输入流，分别接收其中一个 topic 上的数据。这样就可以创建两个接收器来并行地接收数据，从而提高整体的吞吐量。而之后对于多个 DStreams，可以通过 union 操作并为一个 DStream，之后便可以在这个统一的输入 DStream 上进行操作，代码示例如下：

```
val numStreams = 5
  val kafkaStreams = (1 to numStreams).map { i => KafkaUtils.createStream(...) }
  val unifiedStream = streamingContext.union(kafkaStreams)
unifiedStream.print()
```

如果采用 Direct 连接方式，前面讲过 Spark 中的 partition 和 Kafka 中的 partition 是一一对应的，但一般默认设置为 Kafka 中 partition 的数量，这样来达到足够并行度以接收 Kafka 数据。

7.4 设置合理的批处理间隔

对于一个 Spark Streaming 应用，只有系统处理数据的速度能够赶上数据接收的速度，整个系统才能保持稳定，否则就会造成数据积压。换句话说，即每个 batch 的数据一旦生成就需要被尽快处理完毕。这一点我们可以通过 Spark 监控界面进行查看（在 2.3.4 节我们介绍过），比较批处理时间必须小于批处理间隔。

通过设置合理的批处理大小（batch size），使得每批数据能够在接收后被尽快地处理完成（即数据处理的速度赶上数据生成的速度）。

如何选取合适的批处理时间呢？一个好的方法是：先保守地设置一个较大的批处理间隔（如 5~10s），以及一个很低的数据速率，来观测系统是否能够赶上数据传输速率。我们可以通过查看每个处理好的 batch 的端到端延迟来观察，也可以看全局延迟来观察（可以在 Spark log4j 的日志里或者使用 StreamingListener 接口，也可以直接在 UI 界面查看）。

如果延迟保持在一个相对稳定的状态，则整个系统是稳定的，否则延迟不断上升，那说明整个系统是不稳定的。在实际场景中，也可以直接观察系统正在运行的 Spark 监控界面来判断系统的稳定性。

7.5 内存优化

内存优化是在所有应用落地中必须经历的话题，虽然 Spark 在内存方面已经为开发者做了很多优化和默认设置，但是我们还是需要针对具体的情况进行调试。

在优化内存的过程中需要从 3 个方面考虑这个问题：对象本身需要的内存；访问这些

对象的内存开销；垃圾回收（GC garbage collection）导致的开销。

通常来说，对于 Java 对象而言，有很快的访问速度，但是很容易消耗原始数据 2~5 倍以上的内存空间，可以归结为以下几点原因：

- 每个独立的 Java 对象，都会有一个"对象头"，大约 16 个字节用来保存一些基本信息，如指向类的指针，对于一个只包含很少数据量在内的对象（如一个 Int 类型数据），这个开销是相对巨大的。
- Java 的 String 对象会在原始数据的基础上额外开销 40 个字节，因为除了字符数组（Chars array）本身之外，还需要保存如字符串长度等额外信息，而且由于 String 内部存储字符时是按照 UTF-16 格式编码的，所以一个 10 字符的字符串开销很容易超过 60 个字符。
- 对于集合类（collection classes），如 HashMap、LinkedList，通常使用链表的形式将数据结构链在一起，那么对于每一个节点（entry，如 Map.Entry）都会有一个包装器（wrapper），而这个包装器对象不仅包含对象头，还会保存指向下一个节点的指针（每个 8 字节）。
- 熟悉 Java 的开发者应该知道，Java 数据类型分为基本类型和包装类型，对于 int、long 等基本类型是直接在栈中分配空间，如果我们想将这些类型用在集合类中（如 Map<String, Integer>），需要使用对基本数据类型打包（当然这是 Java 的一个自动过程），而打包后的基本数据类型就会产生额外的开销。

针对以上内存优化的基本问题，接下来首先介绍 Spark 中如何管理内存，之后介绍一些能够在具体应用中更加有效地使用内存的具体策略，例如，如何确定合适的内存级别，如何改变数据结构或将数据存储为序列化格式来节省内存等，也会从 Spark 的缓存及 Java 的垃圾回收方面进行分析，另外，也会对 Spark Streaming 进行分析。

7.5.1 内存管理

Spark 对于内存的使用主要有两类用途：执行（execution）和存储（storage）。执行类内存主要被用于 Shuffle 类操作、join 操作及排序（sort）和聚合（aggregation）类操作，而存储类内存主要用于缓存数据（caching）和集群间内部数据的传送。

在 Spark 内部执行和存储分享同一片内存空间（M），当没有执行类内存被使用时，存储类内存可以使用全部的内存空间，反之亦然。执行类内存可以剥夺存储类内存的空间，但是有一个前提是，存储类内存所占空间不得低于某一个阈值 R，也就是说 R 指定了 M 中的一块子空间块是永远不会被剥夺的。而另一方面由于实现上的复杂性，存储类内存是不可以剥夺执行类内存的。

Spark 的这种设计方式确保了系统一些很好的特性：首先，如果应用不需要缓存数据，那么所有的空间都可以用作执行类内存，可以一定程度上避免不必要的内存不够用时溢出到硬盘的情况；其次，如果应用需要使用缓存数据，会有最小的内存空间 R 能够保证这部分数据块免于被剥夺；最后，这种方式对于使用者而言是完全黑盒的，使用者不需要了解内部如何根据不同的任务负载来进行内存划分。

Spark 提供了两个相关的配置，但是大多数情况下直接使用默认值就能满足大部分负载情况：

- Spark Memory.Fraction 表示 M 的大小占整个 JVM（Java Virtue Machine）堆空间的比例（默认是 0.6），剩余的空间（40%）被用来保存用户的数据结构及 Spark 内部的元数据（metadata），另一方面预防某些异常数据记录造成的 OOM（Out of Memory）错误。
- Spark.Memory.StorageFraction 表示 R 的大小占整个 M 的比例（默认是 0.5），R 是存储类内存在 M 中占用的空间，其中缓存的数据块不会被执行类内存剥夺。

7.5.2 优化策略

当我们需要初步判断内存的占用情况时，可以创建一个 RDD，然后将其缓存（cache）起来，然后观察网页监控页面的存储页部分，就可以看出 RDD 占用了多少内存。而对于特殊的对象，我们可以调用 SizeEstimator 的 estimate()方法来评估内存消耗，这对于实验不同数据层的内存消耗，以及判断广播变量在每个 Executor 堆上所占用的内存是非常有效的。

当我们了解了内存的消耗情况后，发现占用内存过大，可以着手做一些优化，一方面可以在数据结构方面进行优化。首先需要注意的是，我们要避免本章开头提到的 Java 本身数据结构的头部开销，比如基于指针的数据结构或者包装器类型，有以下方式可以进行优化：

- 在设计数据结构时，优先使用基本数据类型及对象数组等，避免使用 Java 或者 Scala 标准库当中的集合类（如 HashMap），在 fastutil 库中，为基本数据类型提供了方便的集合类接口，这些接口也兼容 Java 标准库。
- 尽可能避免在数据结构中嵌套大量的小对象和指针。
- 考虑使用数值类 ID 或者枚举对象来代替字符串类型作为主键（Key）。
- 如果我们的运行时内存小于 32GB，可以加上 JVM 配置-XX:+UseCompressedOops 将指针的占用空间由 8 个字节压缩到 4 个字节，我们也可以在 Spark-env.sh 中进行配置。

假设我们通过以上策略还是发现对象占用了过大的内存，可以用一个非常简单的方式来降低内存使用，就是将对象以序列化的形式（serialized form）存储，在 RDD 的持久化接口中使用序列化的存储级别，如 MEMORY_ONLY_SER，Spark 便会将每个 RDD 分区存储为一个很大的字节数组。而这种方式会使得访问数据的速度有所下降，因为每个对象访问时都需要有一个反序列化的过程。在 7.1 节中我们已经介绍过，优先使用 Kryo 序列化方式，其占用大小远低于 Java 本身的序列化方式。

7.5.3 垃圾回收（GC）优化

如果我们在应用中进行了频繁的 RDD 变动，那么 JVM 的垃圾回收会成为一个问题（也就是说，假设在程序中只创建了一个 RDD，后续所有操作都围绕这个 RDD，那么垃圾回收就不存在问题）。当 Java 需要通过删除旧对象来为新对象开辟空间时，它便会扫描我们曾创建的所有对象并找到不再使用的对象。

所以垃圾回收的开销是和 Java 对象的个数成比例的，我们要尽可能地使用包含较少对象的数据结构（如使用 Int 数组代替 LinkedList）来降低这部分开销。另外前面提到的用序列化形式存储也是一个很好的方法，序列化后每个对象在每个 RDD 分区下仅有一个对象（一个字节数组）。注意当 GC 开销成为瓶颈时，首先要尝试的便是序列化缓存（serialized caching）。

在做 GC 优化时，我们首先需要了解 GC 发生的频率以及其所消耗的时间。这可以通过在 Java 选项中加入 -verbose:gc -XX:+PrintGCDetails -XX:+PrintGCTimeStamps 来实现；之后当 Spark 任务运行后，便可以在 Worker 日志中看到 GC 发生时打印的信息。注意这些日志是打印在集群中的 Worker 节点上的（在工作目录的 stdout 文件中），而非 Driver 程序。

为了进一步优化 GC，首先简单介绍下 Java 虚拟机内部是如何进行内存管理的。

（1）Java 对象是存储在堆空间内的，堆空间被分为两部分，即年轻区域（Young region）和老年区域（Old region），其中年轻代（Young generation）会用来存储短生命周期的对象，而老年代（Old generation）会用来存储较长生命周期的对象。

（2）年轻代的区域又被分为 3 个部分[Eden, Survivor1, Survivor2]。

（3）一个简单的 GC 流程大致是：当 Eden 区域满了，一次小型 GC 过程会将 Eden 和 Survivor1 中还存活的对象复制到 Survivor2 区域上，Survivor 区域是可交换的（即来回复制），当一个对象存活周期已足够长或者 Survivor2 区域已经满时，那么它们会被移动到老年代上，而当老年代的区域也满了时，就会触发一次完整的 GC 过程。

Java 的这种 GC 机制主要是基于程序中创建的大多数对象，都会在创建后被很快销毁，只有极少数对象会存活下来，所以其分为年轻代和老年代两部分，而这两部分 GC 的方式也是不同的，其时间复杂度也是不同的，年轻代会更加快一些，感兴趣的读者可以进一步查阅相关资料。

基于以上原因，Spark 在 GC 方面优化的主要目标是：只有长生命周期的 RDD 会被存储在老年代上，而年轻代上有足够的空间来存储短生命周期的对象，从而尽可能避免任务执行时创建的临时对象触发完整 GC 流程。我们可以通过以下步骤来一步步优化：

（1）通过 GC 统计信息观察是否存在过于频繁的 GC 操作，如果在任务完成前，完整的 GC 操作被调用了多次，那么说明可执行任务并没有获得足够的内存空间。

（2）如果触发了过多的小型 GC，而完整的 GC 操作并没有调用很多次，那么给 Eden 区域多分配一些内存空间会有所帮助。我们可以根据每个任务所需内存大小来预估 Eden

的大小，如果 Eden 设置大小为 E，可以利用配置项-Xmn=4/3*E 来对年轻代的区域大小进行设置（其中 4/3 的比例是考虑到 survivor 区域所需空间）。

（3）如果我们观察 GC 打印的统计信息，发现老年代接近存满，那么就需要改变 spark.memory.fraction 来减少存储类内存（用于 caching）的占用，因为与其降低任务的执行速度，不如减少对象的缓存大小。另一个可选方案是减少年轻代的大小，即通过-Xmn 来进行配置，也可以通过 JVM 的 NewRatio 参数进行调整，大多数 JVM 的该参数的默认值是 2，意思是老年代占整个堆内存的 2/3，这个比例需要大于 Spark.Memory.Fraction。

（4）通过加入-XX:+UserG1GC 来使用 G1GC 垃圾回收器，这可以一定程度提高 GC 的性能。另外注意对于 executor 堆内存非常大的情况，一定通过-XX:G1HeapRegionSize 来增加 G1 区域的大小。

针对以上步骤我们举一个例子，如果我们的任务是从 HDFS 当中读取数据，任务需要的内存空间可以通过从 HDFS 当中读取的数据块大小来进行预估，一般解压后的数据块大小会是原数据块的 2~3 倍，所以如果我们希望 3、4 个任务同时运行在工作空间中，假设每个 HDFS 块大小是 128MB，那么需要将 Eden 大小设置为 4×3×128MB。改动之后，我们可以监控 GC 的频率和时间消耗，看看有没有达到优化的效果。

对于优化 GC，主要还是从降低全局 GC 的频率出发，executor 中对于 GC 优化的配置可以通过 spark.executor.extraJavaOptions 来配置。

7.5.4 Spark Streaming 内存优化

前面介绍了 Spark 中的优化策略和关于 GC 方面的调优，对于 Spark Streaming 的应用程序，这些策略也都是适用的，除此之外还会有一些其他方面的优化点。

对于 Spark Streaming 应用所需要的集群内存，很大程度上取决于要使用哪种类型的 transformation 操作。比如，假设我们想使用 10 分钟数据的窗口操作，那么我们的集群必须有足够的空间能够保存 10 分钟的全部数据；亦或，我们在大量的键值上使用了 updateStateByKey 操作，那么所需要的内存空间会较大。而如果我们仅仅使用简单的 Map、Filter、Store 操作，那么所需空间会较小。

默认情况下，接收器接收来的数据会以 StorageLevel.MEMORY_AND_DISK_SER_2 的格式存储，那么如果内存不足时，数据就会序列化到硬盘上，这样会损失 Spark Streaming 应用的性能。所以通常建议为 Spark Streaming 应用分配充足的内存，可以在小规模数据集上进行测试和判断。

另一方面与 Spark 程序有显著区别的是，Spark Streaming 程序对实时性要求会较高，所以我们需要尽可能降低 JVM 垃圾回收所导致的延迟。

基于此，我们可以通过以下几个参数对内存使用和 GC 开销进行优化调整。

- DStream 的持久化级别：在 7.1 节中讲过，输入数据默认是持久化为字节流的，因为相较于反序列化的开销，其更会降低内存的使用并且减少 GC 的开销。所以优先使用 Kryo 序列化方式，可以大大降低序列化后的尺寸和内存开销。另外，如果需要更进一步减少内存开销，可以通过配置 spark.rdd.compress 进行更进一步的压缩（当然对于目前的集群机器，大多数内存都足够了）。
- 及时清理老数据：默认情况下所有的输入数据和由 DStream 的 Transormation 操作产生的持久 RDD 会被自动清理，即 Spark Streaming 会决定何时对数据进行清理。例如，假设我们使用 10 分钟的窗口操作，Spark Streaming 会保存之前 10 分钟的所有数据，并及时清理过时的老数据。数据保存的时间可以通过 stremingContext.remember 进行设置。
- CMS 垃圾回收器：不同于之前我们在 Spark 中的建议，由于需要减少 GC 间的停顿，所以这里建议使用并发标记清除类的 GC 方式。即使并发 GC 会降低全局系统的生产吞吐量，但是使用这种 GC 可以使得每个 Batch 的处理时间更加一致（不会因为某个 Batch 处理时发生了 GC，而导致处理时间剧增）。我们需要确保在 Driver 节点（在 spark-submit 中使用—driver-java-options）和 Executor 节点（在 Spark 配置中使用 spark.executor.extraJavaOptions=-XX:+UseConcMarkSweepGC）都设置了 CMS GC 方式。
- 其他减少 GC 开销的方式有：可以通过 OFF_HEAP 存储级别的 RDD 持久化方式，以及可以在 Executor 上使用更小的堆内存，从而降低每个 JVM 堆垃圾回收的压力。

7.6 实例——项目实战中的调优示例

在某舆情监控系统中，对于每天爬取的千万级游戏玩家评论信息都要实时地进行词频统计，对于爬取到的游戏玩家评论数据，我们会生产输入到 Kafka 中，而另一端的消费者，我们采用了 Spark Streaming 来进行流式处理，首先利用 Direct 方式从 Kafka 拉取 batch，之后经过分词、统计等相关处理，回写到数据库（DataBase，DB）上（在 6.4 节我们讨论过），由此高效实时的完成每天大量数据的词频统计任务。

对于数据量较小的情况，一般是不会暴露问题的，但是数据量增大后，就会暴露各种问题，这就需要进行一些调优和参数配置。可以通过以下几方面进行调优尝试。

7.6.1 合理的批处理时间（batchDuration）

关于 Spark Streaming 的批处理时间设置是非常重要的，Spark Streaming 在不断接收数据的同时，需要处理数据的时间，所以如果设置过短的批处理时间，会造成数据堆积，即未完成的 batch 数据越来越多，从而发生阻塞。

另外值得注意的是，batchDuration 本身也不能设置为小于 500ms，这会导致 Spark Streaming 进行频繁地提交作业，造成额外的开销，减少整个系统的吞吐量；相反如果将

batchDuration 时间设置得过长，又会影响整个系统的吞吐量。

如何设置一个合理的批处理时间，需要根据应用本身、集群资源情况，以及关注和监控 Spark Streaming 系统的运行情况来调整，重点关注监控界面中的 Total Delay，如图 7.1 所示。

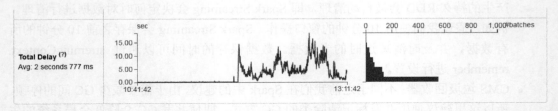

图 7.1　Spark UI 中全局延迟

7.6.2　合理的 Kafka 拉取量（maxRatePerPartition 参数设置）

对于数据源是 Kafka 的 Spark Streaming 应用，在 Kafka 数据频率过高的情况下，调整这个参数是非常必要的。我们可以改变 spark.streaming.kafka.maxRatePerPartition 参数的值来进行上限调整，默认是无上限的，即 Kafka 有多少数据，Spark Streaming 就会一次性全拉出，但是上节提到的批处理时间是一定的，不可能动态变化，如果持续数据频率过高，同样会造成数据堆积、阻塞的现象。

所以需要结合 batchDuration 设置的值，调整 spark.streaming.kafka.maxRatePerPatition 参数，注意该参数配置的是 Kafka 每个 partition 拉取的上限，数据总量还需乘以所有的 partition 数量，调整两个参数 maxRatePerPartition 和 batchDuration 使得数据的拉取和处理能够平衡，尽可能地增加整个系统的吞吐量，可以观察监控界面中的 Input Rate 和 Processing Time，如图 7.2 所示。

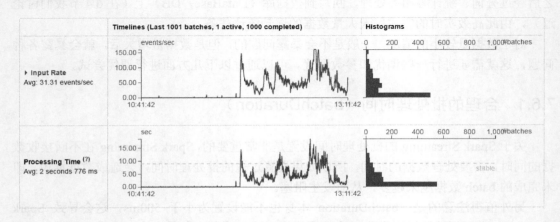

图 7.2　Spark UI 中输入速率和平均处理时间

7.6.3 缓存反复使用的 Dstream（RDD）

Spark 中的 RDD 和 SparkStreaming 中的 Dstream 如果被反复使用，最好利用 cache() 函数将该数据流缓存起来，防止过度地调度资源造成的网络开销。可以参考并观察 Scheduling Delay 参数，如图 7.3 所示。

图 7.3　SparkUI 中调度延迟

7.6.4 其他一些优化策略

除了以上针对 Spark Streaming 和 Kafka 这个特殊场景方面的优化外，对于前面提到的一些常规优化，也可以通过下面几点来完成。

- 设置合理的 GC 方式：使用--conf "spark.executor.extraJavaOptions=-XX:+UseConcMarkSweepGC"来配置垃圾回收机制。
- 设置合理的 parallelism：在 SparkStreaming+kafka 的使用中，我们采用了 Direct 连接方式，前面讲过 Spark 中的 partition 和 Kafka 中的 Partition 是一一对应的，一般默认设置为 Kafka 中 Partition 的数量。
- 设置合理的 CPU 资源数：CPU 的 core 数量，每个 Executor 可以占用一个或多个 core，观察 CPU 使用率（Linux 命令 top）来了解计算资源的使用情况。例如，很常见的一种浪费是一个 Executor 占用了多个 core，但是总的 CPU 使用率却不高（因为一个 Executor 并不会一直充分利用多核的能力），这个时候可以考虑让单个 Executor 占用更少的 core，同时 Worker 下面增加更多的 Executor；或者从另一个角度，增加单个节点的 worker 数量，当然这需要修改 Spark 集群的配置，从而增加 CPU 利用率。值得注意是，这里的优化有一个平衡，Executor 的数量需要考虑其他计算资源的配置，Executor 的数量和每个 Executor 分到的内存大小成反比，如果每个 Executor 的内存过小，容易产生内存溢出（out of memory）的问题。
- 高性能的算子：所谓高性能算子也要看具体的场景，通常建议使用 reduceByKey/aggregateByKey 来代替 groupByKey。而存在数据库连接、资源加载创建等需求时，我们可以使用带 partition 的操作，这样在每一个分区进行一次操作即可，因为分区是物理同机器的，并不存在这些资源序列化的问题，从而大大减少了这部分操作的开销。例如，可以用 mapPartitions、foreachPartitions 操作来代替 map、foreach 操作。另外在进行 coalesce 操作时，因为会进行重组分区操作，所以最好进行必要的数据过滤 filter 操作。
- **Kryo 优化序列化性能**：7.1 节已经详细介绍了这部分内容，我们只要设置序列化类，再注册要序列化的自定义类型即可（比如算子函数中使用到的外部变量类型、作为 RDD 泛型类型的自定义类型等）。

7.6.5 结果

通过以上种种调整和优化，最终我们想要达到的目的便是，整个流式处理系统保持稳定，即 Spark Streaming 消费 Kafka 数据的速率赶上爬虫向 Kafka 生产数据的速率，使得 Kafka 中的数据尽可能快地被处理掉，减少积压，才能保证实时性，如图 7.4 所示。

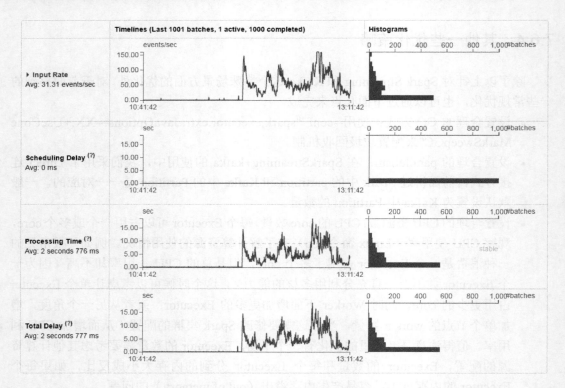

图 7.4　Spark Streaming 和 Kafka 稳定运行监控图

当然不同的应用场景会有不同的图形，这是本文词频统计优化稳定后的监控图，我们可以看到在 Processing Time 柱形图中有一条 Stable 的虚线，而大多数 Batch 都能够在这一虚线下处理完毕，说明整体 Spark Streaming 是运行稳定的。

对于项目中具体的性能调优，有以下几个点需要注意：

- 一个 DStream 流只关联单一接收器，如果需要并行多个接收器来读取数据，那么需要创建多个 DStream 流。一个接收器至少需要运行在一个 Executor 上，甚至更多，我们需要保证在接收器槽占用了部分核后，还能有足够的核来处理接收到的数据。例如在设置 spark.cores.max 时需要将接收器的占用考虑进来，同时注意在分配 Executor 给接收器时，采用的是轮循的方式（round robin fashion）。
- 当接收器从数据源接收到数据时，会创建数据块，在每个微秒级的数据块间隔（blockInterval milliseconds）中都会有一个新的数据块生成。在每个批处理间隔内（batchInterval）数据块的数量 N=batchInterval/blockInterval。这些数据块会由当前执行器（Executor）的数据块管理器（BlockManager）分发到其他执行器的数据块管理器。之后在 Driver 节点上运行的输入网络追踪器（Network Input Tracker）会通知数据块所在位置，以期进一步处理。
- RDD 是基于 Driver 节点上每个批处理间隔产生的数据块（blocks）而创建的，这些数据块是 RDD 的分支（partitions），每个分支是 Spark 中的一个任务（task）。如果 blockInterval == batchInterval，那么意味着创建了单一分支，并且可能直接在本地处理。
- 数据块上的映射（map）任务在执行器（一个接收块，另一个复制块）中处理，该执行器不考虑块间隔，除非出现非本地调度。拥有更大的块间隔（blockInterval）意味着更大的数据块，如果将 spark.locality.wait 设置一个更大的值，那么更有可能在本地节点处理数据块。我们需要在两个参数间（blockInterval 和 spark.locality.wait）做一个折中，确保越大的数据块更可能在本地被处理。
- 除了依赖于 batchInterval 和 blockInterval，我们可以直接通过 inputDstream.repartition(n)来确定分支的数量。这个操作会重新打乱（reshuffles）RDD 中的数据，随机的分配给 n 个分支。当然打乱（shuffle）过程会造成一定的开销，但是会有更高的并行度。RDD 的处理是由驱动程序的 jobscheduler 作为作业安排的。在给定的时间点上，只有一个作业是活动的。因此，如果一个作业正在执行，那么其他作业将排队。
- 如果我们有两个 Dstreams，那么将形成两个 RDDs，并将创建两个作业，每个作业（job）都被安排为一个接着一个地执行。为了避免这种情况，可以联合两个 Dstreams（union）。这将确保为 Dstreams 的两个 RDD 形成单一的 unionRDD。而这个 unionRDD 会被视为一个作业，但是 RDDs 的分区不会受到影响。
- 如果批处理时间大于 batchinterval，那么很明显，接收方的内存将逐渐被填满，并最终抛出异常（很可能是 BlockNotFoundException）。目前没有办法暂停接收，那么可以利用 SparkConf 配置项中的 spark.streaming.receiver.maxRate 来控制接收器的速率。

7.7 本章小结

- Spark Streaming 中需要大量的序列化和反序列化操作,在 2.0.0 以上的 Spark 版本中,我们应当优先考虑使用 Kryo 序列化方式。
- 对于非常大的变量,如配置信息,可以提前利用广播变量的方式传送给每一个节点。
- 在流式处理系统中,我们需要兼顾数据的接收和数据处理,即消费数据的速率要赶上生产数据的速率。当发现生产数据速率过慢时,可以考虑增加并行度,使用更多的接收器(Receiver);如果处理速度过慢,可以考虑加机器、优化程序逻辑及 GC 优化等方式。
- Spark 内存分为执行类内存和存储类内存,执行类内存可以剥夺存储类内存空间,但是存储类内存空间有一个最低阈值会保证保留。
- 内存优化最简单的方式是使用序列化格式进行对象存储,另外一方面考虑到 Java/Scala 对象本身会有所开销,应尽可能减少对象的数量。
- 对于 Spark 而言,垃圾回收采用 G1GC,而 Spark Streaming 采用 CMS。
- 调优过程是一个观察,调整,再观察,再调整的过程,针对具体问题需要进行不同策略上的调整,希望大家多多实践。

第 3 篇
Spark Streaming 案例实战

▶▶ 第 8 章　实时词频统计处理系统实战

▶▶ 第 9 章　用户行为统计实战

▶▶ 第 10 章　监控报警系统实战

第 8 章 实时词频统计处理系统实战

通过前面 7 章的介绍我们已经了解了 Spark 和 Spark Streaming 的各种基本原理、环境搭建及调优策略等内容。在前面章节的最后部分都穿插了一些小案例，供读者熟悉 Spark 和 Spark Streaming。从第 8 章开始，我们将进入本书的第三部分，即实际案例篇，我们会针对 3 个具体的实际案例手把手地教大家从开发到部署一步步搭建程序，并将相应的源代码放在 GitHub 上供大家下载使用（网址为 https://github.com/xlturing/spark-streaming-action）。下面我们开始第一个实际案例，基于 Kafka、Spark Streaming 的流式词频统计开发。

8.1 背景与设计

网络上每天都会产生大量的文本数据，对于这部分数据的挖掘经常是千万级甚至亿级数据量的处理，所以大数据框架在这里应用尤为重要。在大规模舆情系统中，经常会涉及的一个基本功能便是词频统计，即根据上游数据流，进行基本的分词后，以词为 key 进行词频统计，从而对网络数据中的热词进行跟踪定位，fsight 舆情分析网站（http://fsight.qq.com/Game/173#/outline）中对游戏用户评论的词频统计功能展示如图 8.1 所示。

通用热词TOP10

问题		玩法		活动	
名称	数量	名称	数量	名称	数量
1. 问题	11333	1. 排位	16124	1. 活动	5333
2. 版本	10205	2. 伤害	10666	2. 积分	2378
3. 更新	6921	3. 捕出	8945	3. 礼包	2051
4. 挂机	3440	4. 匹配	7769	4. 兑换	1885
5. bug	2496	5. 体验	5208	5. 福利	1549
6. 对号	2152	6. 团战	4209	6. 价格	1306
7. 登录	871	7. 机制	3439	7. 奖励	1056
8. 客服	823	8. 职业	2584	8. 充值	991
9. 界面	762	9. 地图	1822	9. 签到	503
10. 错误	519	10. 攻略	1720	10. 性价比	471

图 8.1 词频统计展示

第 8 章 实时词频统计处理系统实战

在 2.4 节和 4.5 节中我们都以词频统计为背景，分别引入了第一个 Spark 实例和第一个 Spark Streaming 实例。本章我们就同样围绕这个功能，仿照真实的项目场景，进行从设计开发到部署运行的实例演练。

首先，根据给定的需求，对整个系统进行设计。通常情况下我们的数据来源于网络爬虫，比如爬取用户对于某个垂直领域的评论信息，而为了方便读者运行，我们会写一个简单的模拟生成器，来模拟数据来源。

然后，一般的做法会将数据放入 Kafka 中作为数据的暂存与读取，可以将 Kafka 看做一个数据中转站。本次我们做的是词频统计，我们也可以根据 Kafka 中的数据做情感分析、实时报警等功能。

最后通过 Spark Streaming 从 Kafka 流式地拉取数据，进行分词后完成词频统计，并插入 MySQL 数据库中。完整的流程如图 8.2 所示。

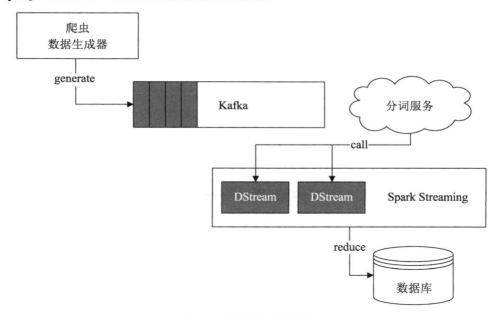

图 8.2 词频统计系统设计

从图 8.2 中可以看出，这是一个简单的生产者-消费者模式，爬虫是生产者向消息队列 Kafka 中生产数据，而我们的词频统计流式处理便是消费者，从 Kafka 中拉取数据进行消费。对于本次项目，我们主要突出的是 Spark Streaming 部分的开发，所以对于爬虫部分，将会写一个 Kafka 模拟生产者。

另外需要注意的是，在正常的架构中，分词服务是一种基础性服务，很多业务模块可能会依赖，所以一般会独立出来，Spark Streaming 以服务的形式进行调用。在本例中，为了简单起见，我用 Python 脚本搭一个基于结巴分词的简单服务。

Spark Streaming 部分的代码分为以下几个代码模块，如图 8.3 所示。

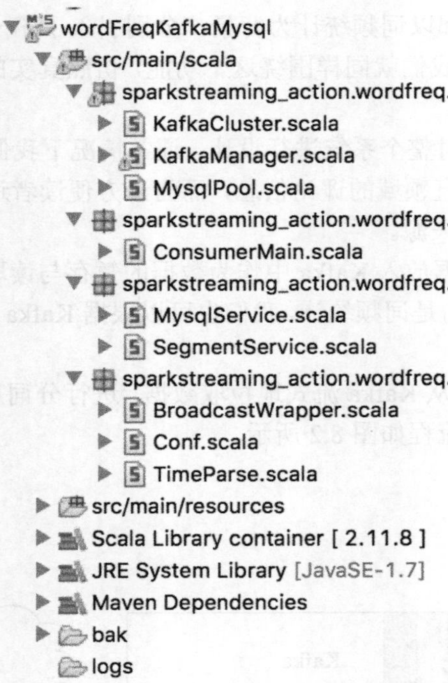

```
▼ 🗁 wordFreqKafkaMysql
  ▼ 📁 src/main/scala
    ▼ ⊞ sparkstreaming_action.wordfreq.dao
      ▶ Ⓢ KafkaCluster.scala
      ▶ Ⓢ KafkaManager.scala
      ▶ Ⓢ MysqlPool.scala
    ▼ ⊞ sparkstreaming_action.wordfreq.main
      ▶ Ⓢ ConsumerMain.scala
    ▼ ⊞ sparkstreaming_action.wordfreq.service
      ▶ Ⓢ MysqlService.scala
      ▶ Ⓩ SegmentService.scala
    ▼ ⊞ sparkstreaming_action.wordfreq.util
      ▶ Ⓢ BroadcastWrapper.scala
      ▶ Ⓢ Conf.scala
      ▶ Ⓢ TimeParse.scala
  ▶ 📁 src/main/resources
  ▶ 🗎 Scala Library container [2.11.8]
  ▶ 🗎 JRE System Library [JavaSE-1.7]
  ▶ 🗎 Maven Dependencies
  ▶ 📁 bak
    📁 logs
```

图 8.3 代码模块概览

代码分为 5 个模块：dao 模块负责整体的数据接入层逻辑，如 Kafka 的连接和 MySQL 的连接池会在这里书写；main 放置整个程序的入口逻辑；service 会放置具体的业务逻辑，如分词、存储数据库等；util 中放置一些工具类，如配置类和时间解析类等。

下面我们一层一层逐模块地讲解代码的整个实现过程，以及这个过程当中的一些构思和原因。

8.2 代码实现

完成了词频统计任务的基本设计，本节我们围绕具体的代码实现进行讲解，首先会讲解数据生成器和分词服务的代码实现，然后阐述流式词频统计任务的代码。

8.2.1 数据生成器

根据图 8.2，我们首先完成数据生成器的开发，模拟爬虫从网络中爬取数据的过程，并将数据灌输到 Kafka 当中，供下游消费者使用。

在 2.3 节已经阐述过如何搭建开发环境，这里不再赘述，我们新建一个工程起名为

KafkaDataProducer。为了使用 Kafka，首先需要引入依赖库，可以按照如下方式来引入：

```xml
<dependencies>
 <dependency><!--Kafka 依赖包-->
  <groupId>org.apache.kafka</groupId>
  <artifactId>kafka_2.11</artifactId>
  <version>0.10.1.0</version>
  <exclusions>
   <exclusion><!--去掉包内引起冲突的依赖-->
    <artifactId>jmxri</artifactId>
    <groupId>com.sun.jmx</groupId>
   </exclusion>
   <exclusion><!--去掉包内引起冲突的依赖-->
    <artifactId>jmxtools</artifactId>
    <groupId>com.sun.jdmk</groupId>
   </exclusion>
   <exclusion><!--去掉包内引起冲突的依赖-->
    <artifactId>jms</artifactId>
    <groupId>javax.jms</groupId>
   </exclusion>
   <exclusion><!--去掉包内引起冲突的依赖-->
    <artifactId>junit</artifactId>
    <groupId>junit</groupId>
   </exclusion>
  </exclusions>
 </dependency>
 <dependency><!--单元测试依赖包-->
  <groupId>junit</groupId>
  <artifactId>junit</artifactId>
  <version>3.8.1</version>
  <scope>test</scope>
 </dependency>
</dependencies>
```

我们在引入 Kafka 的时候利用 exclusion 标签排除掉一些 jar 包，这样是为了防止 jar 包间的冲突，另外我们引入一个基本的 junit 包。关于 build 部分的配置跟之前 2.4 节中的类似，这里不再赘述。

完成 jar 包的引入，我们来进行虚拟生产者的开发，创建 object 起名为 Producer，我们在其中连接 Kafka，并向其推送模拟的用户评论数据，代码如下：

```scala
package sparkstreaming_action.producer.main
import java.util.Properties
import scala.util.Random
import org.apache.kafka.clients.producer.KafkaProducer
import org.apache.kafka.clients.producer.ProducerRecord
// 用于生成模拟数据的生产者
object Producer extends App {
  // 从命令行接收参数
  val events = args(0).toInt
  val topic = args(1)
  val brokers = args(2)
  val rnd = new Random()
```

```scala
val props = new Properties()
// 添加配置项
props.put("bootstrap.servers", brokers)
props.put("client.id", "kafkaDataProducer")
props.put("key.serializer", "org.apache.kafka.common.serialization.StringSerializer")
props.put("value.serializer", "org.apache.kafka.common.serialization.StringSerializer")
// 构建 Kafka 生产者
val producer = new KafkaProducer[String, String](props)
val t = System.currentTimeMillis()

// 读取汉字字典
val source = scala.io.Source.fromFile("hanzi.txt")
val lines = try source.mkString finally source.close()
for (nEvents <- Range(0, events)) {
  // 生成模拟评论数据(user, comment)
  val sb = new StringBuilder()
  // 随机从字典中抽取汉字拼在一起
  for (ind <- Range(0, rnd.nextInt(200))) {
    sb += lines.charAt(rnd.nextInt(lines.length()))
  }
  val userName = "user_" + rnd.nextInt(100)
  // 构建生产者记录
  val data = new ProducerRecord[String, String](topic, userName, sb.toString())

  //async
  //producer.send(data, (m,e) => {})
  //sync
  producer.send(data)
}

System.out.println("sent per second: " + events * 1000 / (System.currentTimeMillis() - t))
producer.close()
```

我们的代码逻辑很简单，利用 Properties 对 Kafka 完成基本的配置初始化（注意这里用了 StringSerializer，即 Kafka 中的数据是序列化后的），读取一个汉字字典，其中包含 3500 个常用汉字，然后每次随机产生一段评论长度，并从字典中随机挑选汉字来模拟出一段用户评论，然后利用 send 接口向 Kafka 推送(user, comment)的键值对。

为了验证数据生成器的效果，我们开发一个简单的消费者来进行检验，代码如下：

```scala
package sparkstreaming_action.producer.main
import java.util.concurrent._
import java.util.{ Collections, Properties }
import kafka.consumer.KafkaStream
import kafka.utils.Logging
import org.apache.kafka.clients.consumer.{ ConsumerConfig, KafkaConsumer }
import scala.collection.JavaConversions._
// 用于测试的消费者程序
class ConsumerTest(val brokers: String,
```

```scala
                val groupId: String,
                val topic: String) extends Logging {
  val props = createConsumerConfig(brokers, groupId)
  // 构建 Kafka 消费者
  val consumer = new KafkaConsumer[String, String](props)
  def shutdown() = {
    if (consumer != null)
      consumer.close();
  }
  def createConsumerConfig(brokers: String, groupId: String): Properties = {
    val props = new Properties()
    props.put(ConsumerConfig.BOOTSTRAP_SERVERS_CONFIG, brokers)
    props.put(ConsumerConfig.GROUP_ID_CONFIG, groupId)
    props.put(ConsumerConfig.ENABLE_AUTO_COMMIT_CONFIG, "true")
    props.put(ConsumerConfig.AUTO_COMMIT_INTERVAL_MS_CONFIG, "1000")
    props.put(ConsumerConfig.SESSION_TIMEOUT_MS_CONFIG, "30000")
    props.put(ConsumerConfig.KEY_DESERIALIZER_CLASS_CONFIG, "org.
    apache.kafka.common.serialization.StringDeserializer")
    props.put(ConsumerConfig.VALUE_DESERIALIZER_CLASS_CONFIG, "org.
    apache.kafka.common.serialization.StringDeserializer")
    props
  }
  def run() = {
    consumer.subscribe(Collections.singletonList(this.topic))
    Executors.newSingleThreadExecutor.execute(new Runnable {
      override def run(): Unit = {
        // 不断拉取指定 Topic 的数据, 并打印输出查看
        while (true) {
          val records = consumer.poll(1000)
          for (record <- records) {
            // 打印记录
            System.out.println("Received message: (" + record.key() + ", "
            + record.value() + ") at offset " + record.offset())
          }
        }
      }
    })
  }
}

object ConsumerTest extends App {
  val example = new ConsumerTest(args(0), args(1), args(2))
  example.run()
}
```

我们创建了 ConsumerTest 类，同样利用 Properties 来创建 Kafka 的消费者，之后用一个单线程的线程池不断循环拉取 Kafka 中的数据，并直接打印到控制台，在运行的时候直接通过继承 Scala 的 App trait 来快速实现。

接下来使用 mvn clean install 命令对上述代码进行编译，jar 包会放在 target 目录下。首先需要启动 ZooKeeper 和 Kafka，这在 5.1 节和 5.2 节中已详细介绍，这里不再赘述。当 Kafka 成功运行后，在项目根目录下使用以下命令：

```
$java -cp target/fkaDataGenerator-1.0-jar-with-dependencies.jar\
sparkstreaming_action.producer.main.ConsumerTest localhost:9091 test_
group test
```

即运行 ConsumerTest 从 Kafka 的 9091 端口拉取 topic 为 test 的数据，group 名称为 test_group，之后向 Kafka 中灌输数据，利用如下命令：

```
$java -cp target/kafkaDataGenerator-1.0-jar-with-dependencies.jar\
sparkstreaming_action.producer.main.Producer 10000 test localhost:9091
```

向 Kafka 的 test 主题灌输 1 万条数据，之后可以在 ConsumerTest 控制台看到的结果如图 8.4 所示。

图 8.4　Kafka 数据生成器测试

如果看到类似这样的数据，那么就完成了第一步数据模拟生成的部分，可以看到数据分为用户名和伪造的用户评论数据两部分，接下来我们根据模拟的数据进行词频统计入库的开发。

8.2.2　分词服务

为了跟生产环境中的真实场景相近，我们用 Python 脚本搭建一个非常简单的分词服务，供词频统计任务来调用。使用常见的结巴分词，包装服务接口。首先安装相关的依赖包，在控制台终端输入如下命令：

```
$ pip install jieba bottle
```

安装好相关依赖包之后，开发一个简单的分词服务，代码如下：

```python
import jieba
cut = jieba.cut
from bottle import route,run

// 利用结巴分词的切词函数
def token(sentence):
```

```python
    seg_list = list(cut(sentence))
    return " ".join(seg_list)
# 路由地址/token/
@route('/token/:sentence')
def index(sentence):
    result = token(sentence)
    # 返回json格式的结果
    return "{\"ret\":0, \"msg\":\"OK\", \"terms\":\"%s\"}" % result
if __name__ == "__main__":
    # 以localhost:8282启动服务
    run(host="localhost",port=8282)
```

我们的路由是 ip:port/token，路由会将句子转到函数 token，会调用 jieba 分词的 cut 接口直接进行分词，并将分词结果以空格分隔返回。

将代码保存为 segmentor.py，在终端执行：

```
$ python segmentor.py
```

可以看到执行结果如下：

```
$ python segmentor.py
Bottle v0.12.13 server starting up (using WSGIRefServer())...
Listening on http://localhost:8282/
Hit Ctrl-C to quit.
```

说明服务已经正常启动，在浏览器中进行如下尝试，便可以看到分词结果如图 8.5 所示。

图 8.5　分词服务测试

可以看到分词服务已经生效了，如果发现有端口冲突，可以在代码中换一个端口再进行尝试，我们要记住这个接口 http://localhost:8282/token/，接下来在词频统计中要使用。

8.2.3　流式词频统计

为了更好地模拟真实的生产环境，我们在 8.2.1 节和 8.2.2 节部署了数据生成器和分词服务，下面正式进入词频统计逻辑开发。首先新建一个 maven 项目，命名为 wordFreqKafkaMysql，我们需要在 pom.xml 中引入以下 jar 包：

```xml
<dependencies>
 <dependency> <!--Spark 核心依赖包 -->
  <groupId>org.apache.spark</groupId>
  <artifactId>spark-core_2.11</artifactId>
  <version>2.3.0</version>
  <scope>provided</scope><!--运行时提供,打包不添加,Spark 集群已自带-->
 </dependency>
 <dependency> <!-- Spark Streaming 依赖包 -->
  <groupId>org.apache.spark</groupId>
  <artifactId>spark-streaming_2.11</artifactId>
  <version>2.3.0</version>
  <scope>provided</scope><!--运行时提供,打包不添加,Spark 集群已自带-->
 </dependency>
 <dependency><!-- Spark Streaming Kafka 依赖包 -->
  <groupId>org.apache.spark</groupId>
  <artifactId>spark-streaming-kafka_2.11</artifactId>
  <version>1.6.3</version><!--本实例演示旧的 API,下一个实例演示新的 API 接口-->
 </dependency>
 <dependency><!--MySQL 依赖包 -->
  <groupId>mysql</groupId>
  <artifactId>mysql-connector-java</artifactId>
  <version>5.1.31</version>
 </dependency>
 <dependency><!--连接池依赖包-->
  <groupId>c3p0</groupId>
  <artifactId>c3p0</artifactId>
  <version>0.9.1.2</version>
 </dependency>
 <dependency><!--JSON 依赖包 -->
  <groupId>io.spray</groupId>
  <artifactId>spray-json_2.10</artifactId>
  <version>1.3.2</version>
 </dependency>
 <dependency><!--HTTP 依赖包 -->
  <groupId>org.scalaj</groupId>
  <artifactId>scalaj-http_2.10</artifactId>
  <version>2.3.0</version>
 </dependency>
 <dependency><!-- Time Parse 时间解析依赖包 -->
  <groupId>joda-time</groupId>
  <artifactId>joda-time</artifactId>
  <version>2.9.4</version>
 </dependency>

 <dependency><!--Log 日志依赖包 -->
  <groupId>log4j</groupId>
  <artifactId>log4j</artifactId>
  <version>1.2.17</version>
 </dependency>
 <dependency><!--日志依赖接口-->
  <groupId>org.slf4j</groupId>
  <artifactId>slf4j-log4j12</artifactId>
  <version>1.7.12</version>
```

```
          </dependency>
      </dependencies>
```

除了一些必备的 jar 包，还引入了 MySQL 和 MySQL 连接池用于对数据库进行操作。另外，在分词时是以服务的形式来调用，所以还引入了 HTTP 和 JSON 相关的 jar 包。之后按照图 8.3 构建相应的 package，使整个代码层次更加清晰。下面逐一讲解代码的开发流程和思路。

1. 数据层（dao）

在 dao 层要完成两部分功能，Kafka 的数据交互和 MySQL 的数据交互。对于 Kafka，主要是在原有 Spark 的支持包上做了一些封装，从而能够对 offset 做一些保存，使得流式处理能够从上次处理的数据处继续向后处理（值得注意的是，Kafka 在 0.10.2 版本之后，为了和 ZooKeeper 解耦，老版本的 API 和简单 API 被取消，取而代之的是 New Consumer API 和 New Consumer Config。所以对应的 Spark 官方也取消了 KafkaCluster 类及很多代码，由于历史原因，还是有一些代码采用原有的方式，所以在本实例中我们采用老的 API 方式，而在下一个实例中采用新的 API 方式）。然后在基本的 MySQL 连接器基础上，封装一个数据连接池，从而降低建立连接造成的开销和延迟。

大家在看本实例的源代码时会发现一个 KafkaCluster 类，这个类是从 spark streaming 的源代码中抽取出来的，其 Git 地址是 https://github.com/apache/spark/blob/master/external/kafka-0-8/src/main/scala/org/apache/spark/streaming/kafka/KafkaCluster.scala。

我们可以看到类已经打上了 @deprecated 标签，这里为了兼容历史代码，还是演示对于之前的 Kafka API 怎么操作。将 KafkaCluster 类放在我们自己的代码中是因为包名上的一些限制，所以直接引入源代码不会报异常或者警告。

之后我们新建一个 KafkaManager 类来完成功能封装任务，在本实例中我们将 Kafka 的 offset 保存到 ZooKeeper 中，所以每次新建 DStream 时也需要从 ZooKeeper 查看保存的 offset，同样在处理完一个 batch 的数据时也需要向 ZooKeeper 中更新 offset 值。更新 offset 的代码如下：

```
  def updateZKOffsets(rdd: RDD[(String, String)]): Unit = {
    val groupId = kafkaParams.get("group.id").get
    val offsetsList = rdd.asInstanceOf[HasOffsetRanges].offsetRanges
  for (offsets <- offsetsList) {
    // 更新 topic 和 partition
      val topicAndPartition = TopicAndPartition(offsets.topic, offsets.partition)
      val o = kc.setConsumerOffsets(groupId, Map((topicAndPartition, offsets.untilOffset)))
      if (o.isLeft) {
        log.error(s"Error updating the offset to Kafka cluster: ${o.left.get}")
      }
    }
  }
```

我们通过调用 Kafka 的接口函数直接更新对应 group 每个 topic 的每个 partition 的 offset 值，该函数会在每次处理完 batch 后调用。之后在封装创建数据流时，根据历史消费情况更新从多少偏移量（offset）开始消费，代码如下：

```scala
private def setOrUpdateOffsets(topics: Set[String], groupId: String):
Unit = {
  topics.foreach(topic => {
    var hasConsumed = true
    val partitionsE = kc.getPartitions(Set(topic))
    if (partitionsE.isLeft) throw new SparkException(s"get kafka
partition failed: ${partitionsE.left.get.mkString("\n")}")
    val partitions: Set[TopicAndPartition] = partitionsE.right.get
    val consumerOffsetsE = kc.getConsumerOffsets(groupId, partitions)
    if (consumerOffsetsE.isLeft) hasConsumed = false
    log.info("consumerOffsetsE.isLeft: " + consumerOffsetsE.isLeft)
    if (hasConsumed) {                                        // 消费过
      log.warn("消费过")
      /**
        * 如果 ZK 上保存的 offsets 已经过时了，即 Kafka 的定时清理策略已经将包含该
        offsets 的文件删除。
        * 针对这种情况，只要判断一下 ZK 上的 consumerOffsets 和 earliestLeader
        Offsets 的大小，
        * 如果 consumerOffsets 比 earliestLeaderOffsets 还小的话，说明 consumer
        Offsets 已过时，
        * 这时把 consumerOffsets 更新为 earliestLeaderOffsets
        */
      val earliestLeaderOffsetsE = kc.getEarliestLeaderOffsets(partitions)
      if (earliestLeaderOffsetsE.isLeft) throw new SparkException(s"get
earliest offsets failed: ${earliestLeaderOffsetsE.left.get.
mkString("\n")}")
      val earliestLeaderOffsets = earliestLeaderOffsetsE.right.get
      val consumerOffsets = consumerOffsetsE.right.get

      // 可能只是存在部分分区 consumerOffsets 过时，所以只更新过时分区的 consumer
      Offsets 为 earliestLeaderOffsets
      var offsets: Map[TopicAndPartition, Long] = Map()
      consumerOffsets.foreach({
        case (tp, n) =>
          val earliestLeaderOffset = earliestLeaderOffsets(tp).offset
          if (n < earliestLeaderOffset) {
            log.warn("consumer group:" + groupId + ",topic:" + tp.topic +
            ",partition:" + tp.partition +
              " offsets 已经过时，更新为" + earliestLeaderOffset)
            offsets += (tp -> earliestLeaderOffset)
          }
      })
      log.warn("offsets: " + consumerOffsets)
      if (!offsets.isEmpty) {
        kc.setConsumerOffsets(groupId, offsets)
      }
    } else {                                                  // 没有消费过
      log.warn("没消费过")
```

```
      val reset = kafkaParams.get("auto.offset.reset").map(_.toLowerCase)
      var leaderOffsets: Map[TopicAndPartition, LeaderOffset] = null
      if (reset == Some("smallest")) {
        leaderOffsets = kc.getEarliestLeaderOffsets(partitions).right.get
      } else {
        leaderOffsets = kc.getLatestLeaderOffsets(partitions).right.get
      }
      val offsets = leaderOffsets.map {
        case (tp, offset) => (tp, offset.offset)
      }
      log.warn("offsets: " + offsets)
      kc.setConsumerOffsets(groupId, offsets)
    }
  })
}
```

函数中判断对应 group 和 topic 在 Kafka 中的数据是否被消费过，如果没有消费过，根据配置参数中的 auto.offset.reset 判断时从最新数据开始消费还是从最旧数据开始消费，代码中我们填写了 smallest，即从最旧的数据开始消费；另外，如果消费过这些数据，那么需要根据 ZooKeeper 中保存的 offset 对消费起始 offset 的数据进行修正。

```
def createDirectStream[K: ClassTag, V: ClassTag, KD <: Decoder[K]:
ClassTag, VD <: Decoder[V]: ClassTag](
  ssc: StreamingContext, kafkaParams: Map[String, String], topics:
  Set[String]): InputDStream[(K, V)] = {
  val groupId = kafkaParams.get("group.id").get
  // 在 ZooKeeper 上读取 offsets 前先根据实际情况更新 offsets
  setOrUpdateOffsets(topics, groupId)
  //从 ZooKeeper 上读取 offset 开始消费 message
  val messages = {
    val partitionsE = kc.getPartitions(topics)
    if (partitionsE.isLeft) throw new SparkException("get kafka partition
    failed:")
    val partitions = partitionsE.right.get
    val consumerOffsetsE = kc.getConsumerOffsets(groupId, partitions)
    if (consumerOffsetsE.isLeft) throw new SparkException("get kafka
    consumer offsets failed:")
    val consumerOffsets = consumerOffsetsE.right.get
    KafkaUtils.createDirectStream[K, V, KD, VD, (K, V)](
      ssc, kafkaParams, consumerOffsets, (mmd: MessageAndMetadata[K, V])
      => (mmd.key, mmd.message))
  }
  messages
}
```

在写好 setOrUpdateOffsets 之后，对原 KafkaUtils 类中的 createDirectStream 进行封装，通过调用 setOrUpdateOffsets 来更新 offsets 情况。

最后我们看一下 MySQL 连接池的封装，通过包含一个单例 object 的 MysqlPool 类，并且利用 c3p0 连接池来完成功能开发，核心代码如下：

```
class MysqlPool extends Serializable {
  @transient lazy val log = LogManager.getLogger(this.getClass)
```

```scala
    private val cpds: ComboPooledDataSource = new ComboPooledDataSource(true)
    private val conf = Conf.mysqlConfig
    try {
cpds.setJdbcUrl(conf.get("url").getOrElse("jdbc:mysql://localhost:3306/
word_freq?useUnicode=true&amp;characterEncoding=UTF-8"));
// 利用 c3p0 设置 MySQL 配置，读者可根据实际情况进行修改
      cpds.setDriverClass("com.mysql.jdbc.Driver");
      cpds.setUser(conf.get("username").getOrElse("root"));
      cpds.setPassword(conf.get("password").getOrElse(""))
      cpds.setInitialPoolSize(3)                            // 初始连接数
      cpds.setMaxPoolSize(Conf.maxPoolSize)                 // 最大连接数
      cpds.setMinPoolSize(Conf.minPoolSize)                 // 最小连接数
      cpds.setAcquireIncrement(5)                           // 递增步长
      cpds.setMaxStatements(180)                            // 最大空闲时间
      <!--最大空闲时间，25000 秒内未使用则连接被丢弃。若为 0 则永不丢弃。Default: 0 -->
      cpds.setMaxIdleTime(25000)
      // 检测连接配置
      cpds.setPreferredTestQuery("select id from word_count_201808 where id = 1")
      cpds.setIdleConnectionTestPeriod(18000)
    } catch {
      case e: Exception =>
        log.error("[MysqlPoolError]", e)
    }
    //从连接池获取数据库连接
    def getConnection: Connection = {
      try {
        return cpds.getConnection();
      } catch {
        case e: Exception =>
          log.error("[MysqlPoolGetConnectionError]", e)
          null
      }
    }
}
object MysqlManager {
  var mysqlManager: MysqlPool = _
  def getMysqlManager: MysqlPool = {
    synchronized {
      if (mysqlManager == null) {
        mysqlManager = new MysqlPool
      }
    }
    mysqlManager
  }
}
```

我们在类中创建 ComboPooledDataSource 的对象，并且通过配置参数和默认参数完成对连接池的设置，之后通过一个 object 完成单例封装，能够快速地通过 MysqlManager.getMysqlManager.getConnection 来获取 MySQL 连接。

2. Service（服务层）

一般在项目开发中，会将业务逻辑封装在服务层中，对于本项目，我们需要提供两个服务，一个是用于分词的服务封装，另一个是存储数据库的具体业务逻辑。

我们先来看分词服务的业务逻辑封装，在 8.2.2 节中，利用 Python 脚本，调用结巴分词提供了一个简单的分词 API 服务，我们需要在 Spark Streaming 中将从 kafka 接收到的每条记录，以 HTTP 请求的方式调用 API 接口，并将分词结果以一定的数据格式返回，同时要考虑服务失败重新请求等常见问题。我们新建一个 object 并起名为 SegmentService，扩展 Serializable 接口，其中的核心代码如下：

```scala
@annotation.tailrec
def retry[T](n: Int)(fn: => T): T = {
  util.Try { fn } match {
    case util.Success(x) => x
    case _ if n > 1 => {
      log.warn(s"[retry ${n}]")
      retry(n - 1)(fn)
    }
    case util.Failure(e) => {
      log.error(s"[segError] API retry 3 times fail!!!!! T^T 召唤神龙吧！", e)
      throw e
    }
  }
}
```

利用 scala 中的 Try 函数，实现对某个函数 fn 的 n 次重复调用。这是一个通用函数，因为在 HTTP 请求时，偶尔会出现网络错误，这就需要重试，该函数便可以按照我们指定的次数重新发送 HTTP 请求，如果超出 n 次还未成功，则报错抛出异常，代码如下：

```scala
def segment(url: String, content: String): HashSet[String] = {
  val timer = System.currentTimeMillis()
  var response = Http(url + content).asString
  val dur = System.currentTimeMillis() - timer
  if (dur > 20) // 输出耗时较长的请求
    log.warn(s"[longVisit]>>>>>> api: ${url}?content=${content}\ttimer: ${dur}")
  val words = HashSet[String]()
  response.code match {
    case 200 => {
      // 利用 Scala 的 match case 结构解析 JSON 字符串
      response.body.parseJson.asJsObject.getFields("ret", "msg", "terms")
      match {
        case Seq(JsNumber(ret), JsString(msg), JsString(terms)) => {
          if (ret.toInt != 0) {
            log.error(s"[segmentRetError] vist api: ${url}?content=${content}\tsegment error: ${msg}")
            words
          } else {
            val tokens = terms.split(" ")
```

```
            tokens.foreach(token => {
              words += token
            })
            words
          }
        }
        case _ => words
      }
    }
    case _ => {
      log.error(s"[segmentResponseError] vist api: ${url}?content=
      ${content}\tresponse code: ${response.code}")
      words
    }
  }
}
```

在 segment()函数中根据传入的 API 接口 URL 和具体的内容，发送 HTTP 请求，并解析返回的 JSON 结果，将分词结果以 HashSet 方式去重后返回。

```
def mapSegment(record: String, wordDic: HashSet[String]): Map[String,
Int] = {
  val preTime = System.currentTimeMillis
  val keyCount = Map[String, Int]()
  if (record == "" || record.isEmpty()) {
    log.warn(s"record is empty: ${record}")
    keyCount
  } else {
    val postUrl = Conf.segmentorHost + "/token/"
    try {
      // 分词
      val wordsSet = retry(3)(segment(postUrl, record))
      log.warn(s"[mapSegmentSuccess] record: ${record}\ttime elapsed:
      ${System.currentTimeMillis - preTime}")
      // 进行词语统计
      val keyCount = Map[String, Int]()
      for (word <- wordDic) {
        if (wordsSet.contains(word))
          keyCount += word -> 1
      }
      log.warn(s"[keyCountSuccess] words size: ${wordDic.size} (entitId_
      createTime_word_language, 1):\n${keyCount.mkString("\n")}")
      keyCount
    } catch {
      case e: Exception => {
        log.error(s"[mapSegmentApiError] mapSegment error\tpostUrl:
        ${postUrl}${record}", e)
        keyCount
      }
    }
  }
}
```

mapSegment()函数是供我们在 Dstream 中调用的，会传入记录内容和词典，通过 retry(3)(segment(postUrl, record))的方式，实现失败重试 3 次的方案，根据分词结果和词典，进行词典指定词的词频统计，并以[word, count]的形式返回结果流。

另一个服务模块就是对数据库的存取操作。在词频统计中，从数据库中读取需要进行词频统计的词典，当 Spark Streaming 统计结束后，需要将结果写入数据库中。新建 object，起名为 MysqlService，同样也需要扩展 Serializable 接口，其核心代码如下：

```scala
  def getUserWords(): HashSet[String] = {
val preTime = System.currentTimeMillis
// 获取用户词典
val sql = "select distinct(word) from user_words"
// 获取连接
  val conn = MysqlManager.getMysqlManager.getConnection
  val statement = conn.createStatement
  try {
    val rs = statement.executeQuery(sql)
    val words = HashSet[String]()
    while (rs.next) {
      words += rs.getString("word")
    }
    log.warn(s"[loadSuccess] load user words from db count: ${words.size}\ttime elapsed: ${System.currentTimeMillis - preTime}")
    words
  } catch {
    case e: Exception =>
      log.error("[loadError] error: ", e)
      HashSet[String]()
  } finally {
    statement.close()
    conn.close()
  }
}
```

通过 dao 层中的 MysqlManager 获取数据库连接后，从 user_words 表格中获取所有需要进行词频统计的词，并将其存入 HashSet 中去重新返回。

```scala
  def save(rdd: RDD[(String, Int)]) = {
    if (!rdd.isEmpty) {
      rdd.foreachPartition(partitionRecords => {
        val preTime = System.currentTimeMillis
        //从连接池中获取一个连接
        val conn = MysqlManager.getMysqlManager.getConnection
        val statement = conn.createStatement
        try {
          conn.setAutoCommit(false)
          partitionRecords.foreach(record => {
            log.info(">>>>>>>" + record)
            val createTime = System.currentTimeMillis()
            // 拼接 SQL 语句，按月份创建表格
            var sql = s"CREATE TABLE if not exists `word_count_${TimeParse.timeStamp2String(createTime, "yyyyMM")}`(`id` int(11) NOT NULL AUTO_INCREMENT,`word` varchar(64) NOT NULL,`count`int(11) DEFAULT'0',`date` date NOT NULL, PRIMARY KEY (`id`), UNIQUE KEY `word`
```

```
              (`word`,`date`) ) ENGINE=InnoDB  DEFAULT CHARSET=utf8;"
              statement.addBatch(sql)
              // 插入记录
              sql = s"insert into word_count_${TimeParse.timeStamp2String
              (createTime, "yyyyMM"} (word, count, date) values ('${record._
              1}',${record._2},'${TimeParse.timeStamp2String(createTime,
              "yyyy-MM-dd")}') on duplicate key update count=count+values
              (count);"
              statement.addBatch(sql)
              log.warn(s"[recordAddBatchSuccess] record: ${record._1},
              ${record._2}")
            })
            statement.executeBatch // 执行 batch
            conn.commit
            log.warn(s"[save_batchSaveSuccess] time elapsed: ${System.
            currentTimeMillis - preTime}")
          } catch {
            case e: Exception =>
              log.error("[save_batchSaveError]", e)
          } finally {
            statement.close()
            conn.close()
          }
        })
      }
    }
```

上述 save() 函数的实现注意了在效率上的优化，即在每个 partition 获取一次数据库连接后，分别对每个 partition 的 RDD 进行存入数据库操作，MySQL 存储技巧在 6.4.2 节已介绍过。需要注意的是，这里按照时间顺序每个月建立了一张新表进行数据存储，这样做一方面是方便统计，另一方面是考虑到数据迁移和数据备份的易操作性。而在更新表格中每个词的统计值时，我们利用了 SQL 语句中的 on duplicate key 进行词频数量的累加。

3．util 工具类

在 util 包中，创建 BroadcastWrapper 类，用于广播我们的词典数据，并能够动态更新该词典数据，这点在 7.2 节中已经介绍，这里不再赘述。

另外创建 Conf 类，将所有的配置信息放在这里，之后 TimeParse 类封装了时间戳和字符串的转换函数，代码比较简单，这里就不具体给出了。

4．主程序逻辑

创建 object 并起名为 ConsumerMain，主程序逻辑中会利用上述的各个模块，从 Kafka 拉取数据，拉取数据库中的用户词典，调用分词服务模块，分词统计并 reduce 之后存入到数据库中，核心代码逻辑如下：

```scala
    def functionToCreateContext(): StreamingContext = {
        // Spark 配置项
    val sparkConf = new SparkConf().setAppName("WordFreqConsumer").setMaster
    (Conf.master)
        .set("spark.default.parallelism", Conf.parallelNum)
        .set("spark.streaming.concurrentJobs", Conf.concurrentJobs)
        .set("spark.executor.memory", Conf.executorMem)
        .set("spark.cores.max", Conf.coresMax)
        .set("spark.local.dir", Conf.localDir)
        .set("spark.streaming.kafka.maxRatePerPartition", Conf.perMaxRate)
        // 创建流式处理上下文
        val ssc = new StreamingContext(sparkConf, Seconds(Conf.interval))
        ssc.checkpoint(Conf.localDir)

        // 根据 brokers 和 topic 创建直连 Kafka 的 DStream
    val topicsSet = Conf.topics.split(",").toSet
    // Kafka 参数设置
        val kafkaParams = scala.collection.immutable.Map[String, String]
    ("metadata.broker.list" -> Conf.brokers, "auto.offset.reset" ->
    "smallest", "group.id" -> Conf.group)
    val km = new KafkaManager(kafkaParams)
    // Kafka 数据流
        val kafkaDirectStream = km.createDirectStream[String, String,
        StringDecoder, StringDecoder](ssc, kafkaParams, topicsSet)
        log.warn(s"Initial Done***>>>topic:${Conf.topics}   group:${Conf.
        group} localDir:${Conf.localDir} brokers:${Conf.brokers}")

        kafkaDirectStream.cache

        //加载词频统计词库
        val words = BroadcastWrapper[(Long, HashSet[String])](ssc, (System.
        currentTimeMillis, MysqlService.getUserWords))

        //经过分词得到新的 stream
        val segmentedStream = kafkaDirectStream.map(_._2).repartition(10).
        transform(rdd => {
          if (System.currentTimeMillis - words.value._1 > Conf.updateFreq) {
            words.update((System.currentTimeMillis, MysqlService.getUser
            Words), true)
            log.warn("[BroadcastWrapper] words updated")
          }
          rdd.flatMap(record => SegmentService.mapSegment(record, words.
          value._2))
        })

        //以 entity_timestamp_beeword 为 key，统计本 batch 内各个 key 的计数
        val countedStream = segmentedStream.reduceByKey(_ + _)

        countedStream.foreachRDD(MysqlService.save(_))
```

```
    //更新 ZK 中的 offset
    kafkaDirectStream.foreachRDD(rdd => {
      if (!rdd.isEmpty)
        km.updateZKOffsets(rdd)
    })
    ssc
}
```

我们单独将所有逻辑定义在 functionToCreateContext()函数中，根据 Conf 类中的配置信息，创建 Spark Stremaing 的 StreamingContext；同样根据配置信息，通过 KafkaManager 根据 ZooKeeper 中保存的 offset，以 direct 的方式，创建读入数据流 kafkaDirectStream。注意这里我们对 kafkaDirectStream 进行了 cache 缓存（还记得 7.6.3 中提到的优化技巧吗）；之后通过广播变量将用户词典这个很大的数据广播到集群的每一个节点上，从而减少之后的网络开销（7.2 节的优化技巧）。

在分词服务的调用中，根据词典的上次更新时间和更新间隔选择是否重新广播新的词典，之后利用分词服务提供的函数进行分词统计，将流数据变成[word,count]（调和词频）的形式，然后以 word 为 key 进行 reduceByKey 操作，将集群上各个节点的统计结果整合起来，最后通过 MySQL 服务将统计结果存入 MySQL 中。

最后一个 batch 的数据处理结束后，利用之前 KafkaManager 中的 updateZKOffsets 函数将处理到的新的 offset 更新到 ZooKeeper 上。

后续我们在 main()函数中创建流式上下文，利用 start()函数启动，并调用 awaitTermination()函数保持 Spark Streaming 的运行直到结束。

8.3 环境配置与运行

代码开发好后，我们开始配置环境并运行程序，查看结果。关于基本环境的配置，在前面的章节中已介绍过，本节也会简单讲解。

8.3.1 相关服务启动

（1）连接 MySQL 服务。

关于 MySQL 的安装启动，不再赘述，这里我们以 Navicat 连接 MySQL 操作进行讲解，新建数据库 word_freq，之后新建数据表 user_words，如图 8.6 所示。

建立一张非常简单的数据表，用来存储需要进行词频统计的词汇，并且保留词汇添加的时间戳。

（2）启动分词服务。

第 8 章 实时词频统计处理系统实战

图 8.6 MySQL user_words 数据表

根据 8.2.2 节中的介绍，设置合适的端口号，利用如下命令启动分词服务：

```
$python segmentor.py
```

（3）启动 ZooKeeper。

按照 5.1.2 节中介绍的 ZooKeeper 的部署，启动集群：

```
$server1/zookeeper-3.4.10/bin/zkServer.sh start
$server2/zookeeper-3.4.10/bin/zkServer.sh start
$server3/zookeeper-3.4.10/bin/zkServer.sh start
```

（4）启动 Kafka。

按照 5.2.3 节中介绍的关于 Kafka 的部署，启动 Kafka：

```
$ bin/kafka-server-start.sh config/server.properties &
$ bin/kafka-server-start.sh config/server-2.properties &
```

（5）启动 Spark 集群。

按照 2.3.2 节中 Spark 集群的启动，进入 Spark 根目录下的 sbin 目录，利用 start-all.sh 脚本启动集群上的所有节点。

第 3 篇　Spark Streaming 案例实战

（6）运行词频统计服务。

当以上节点都正常启动后，下面可以启动词频统计服务。进入词频统计项目 wordFreqKafkaMysql 目录下，利用 mvn clean install 进行整个项目的编译，完成的 jar 包会放在 target 目录下，之后利用如下命令启动词频统计流式处理任务：

```
$nohup ~/spark-2.2.0-bin-hadoop2.7/bin/spark-submit \
    --class sparkstreaming_action.wordfreq.main.ConsumerMain \
    --num-executors 4 \
    --driver-memory 1G \
    --executor-memory 1g \
    --executor-cores 1 \
    --conf spark.default.parallelism=1000 \
    target/wordFreqKafkaMysql-0.1-jar-with-dependencies.jar &
```

在脚本中我们进行一些词频统计任务的配置，并将 jar 包提交到集群进行运行。

8.3.2　查看结果

服务正常启动后，利用 Spark 的 UI 监控界面，可以查看任务的运行情况，在浏览器中 localhost:8080（默认端口是 8080），可以看到如图 8.7 所示。

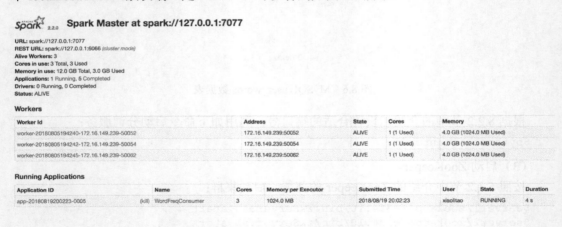

图 8.7　词频统计 UI 基本查看

接下来使用 8.2.1 节开发的数据生成器向 Kafka 中灌输数据，从而能够看到 Spark Streaming 消费数据的情况，利用如下命令：

```
$java -cp target/kafkaDataGenerator-1.0-jar-with-dependencies.jar
sparkstreaming_action.producer.main.Producer 10000 test localhost:9091
```

每次向 Kafka 中灌输 1 万条数据，在 http://localhost:4040/streaming/ 中可以查看流式任务具体的处理情况，如图 8.8 所示。

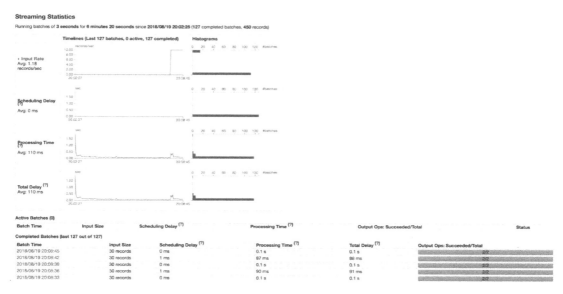

图 8.8　词频统计 UI 统计图

在向 Kafka 灌输 1 万条数据后,可以看到图中出现了一个明显的跳跃,即 Spark Streaming 接收到了数据开始处理,当运行较长时间后就可以在 Processing Time 处看到一个 stable 的横线,代表大多数 batch 数据能够在这条线下处理完成,那么系统是稳定可持续的,如图 8.9 所示。

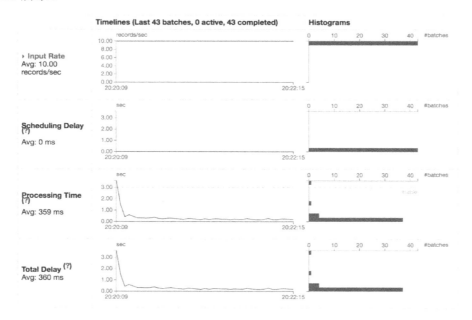

图 8.9　运行稳定 UI 统计图

另外，观察数据库可以发现，被词频统计服务监控到的词已经存入到数据库中，并且存储了对应的出现频次，如图 8.10 所示。

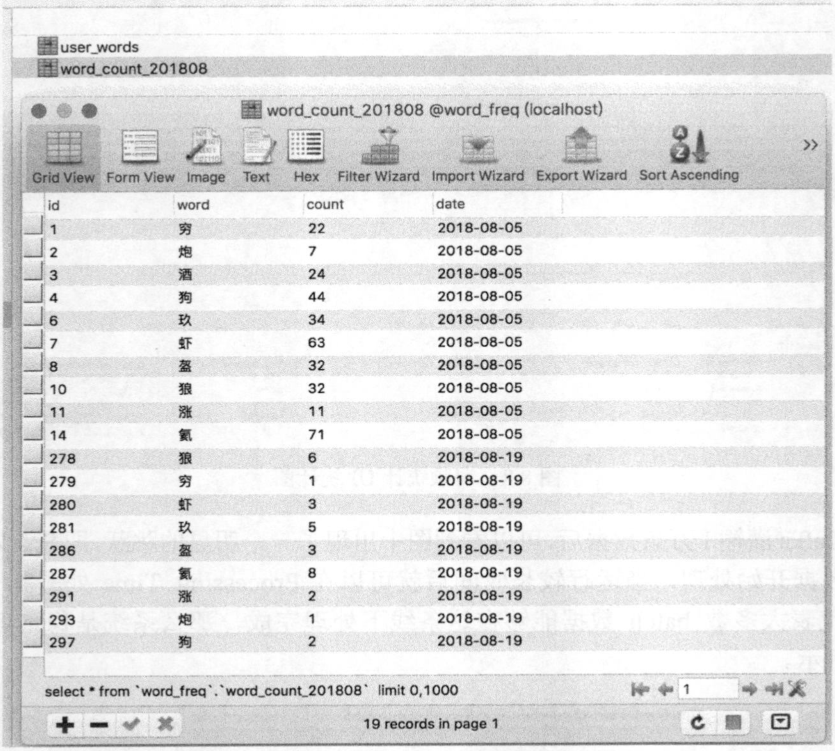

id	word	count	date
1	穷	22	2018-08-05
2	炮	7	2018-08-05
3	酒	24	2018-08-05
4	狗	44	2018-08-05
6	玖	34	2018-08-05
7	虾	63	2018-08-05
8	盔	32	2018-08-05
10	狼	32	2018-08-05
11	涨	11	2018-08-05
14	氰	71	2018-08-05
278	狼	6	2018-08-19
279	穷	1	2018-08-19
280	虾	3	2018-08-19
281	玖	5	2018-08-19
286	盔	3	2018-08-19
287	氰	8	2018-08-19
291	涨	2	2018-08-19
293	炮	1	2018-08-19
297	狗	2	2018-08-19

图 8.10　词频统计数据库结果

最后跟大家讲一个小技巧，在代码中我们输出了很多日志，但是在启动服务的日志中是看不到的，因为 jar 包被提交到了 Spark 集群上运行，所以必须到 Spark 集群中找寻日志信息，在 Spark 根目录的 work/目录下可以发现提交任务的名称与 localhost:8080 中的情况基本一致，具体如下：

```
$ ll work/
drwxr-xr-x   5 xiaolitao  staff   160 11 18 13:14 ./
drwxr-xr-x@ 18 xiaolitao  staff   576 11  5  2017 ../
drwxr-xr-x  57 xiaolitao  staff  1824  9 30 22:57 app-20180819202004-0008/
drwxr-xr-x   9 xiaolitao  staff   288 10  9 20:48 app-20181009203446-0017/
drwxr-xr-x   5 xiaolitao  staff   160 11 18 13:14 app-20181118131448-0000/
```

提交到 Spark 的任务都会根据时间戳和一个随机数来命名，进入该目录可以发现 0、1、2 这 3 个子目录，分别对应集群上的 3 个节点，利用如下命令：

```
$tail -f */stderr
```

便可以查看日志信息，显示如下：

```
==> 0/stderr <==
18/11/18 13:57:48 WARN SegmentService$: [mapSegmentSuccess] record: 旋基
帘均袍肿狠斧丫镀饰逼讯返疆易桓艰须拒挑捻酮追咒拘拨咐舵腥胃嘶琐诊浊售斯忘氨卵葱高胶猫蒸
猪粒箭肋蔼查佛炊兑铰裤蔓炊恐资规猫团奸渭烙贼杏兆抬蟹看 time elapsed: 6
18/11/18 13:57:48 WARN SegmentService$: [keyCountSuccess] words size: 26
(entitId_createTime_word_language, 1):
==> 2/stderr <==
18/11/18 13:57:48 WARN SegmentService$: [mapSegmentSuccess] record: 樟锁
四闻唇祖文柬崖拴俄妨芒绷红枚远肉颟和给似蚊仲苟县囤吱杜靴寓竭耀推族创挟瓢姻谈辊终翅排账
短仁筐芳帛纠睫糠美芯株战碳富晓轻嘘肇椿纸帝酝怪分巨浓数庞碳满以喇窍跋哆嫁额雨拈敛雾慧愤
糜预幽 time elapsed: 8
18/11/18 13:57:48 WARN SegmentService$: [keyCountSuccess] words size: 26
(entitId_createTime_word_language, 1):
==> 1/stderr <==
18/11/18 13:57:48 WARN SegmentService$: [mapSegmentSuccess] record: 践元
辅痕侍崖撤忧退 time elapsed: 6
18/11/18 13:57:48 WARN SegmentService$: [keyCountSuccess] words size: 26
(entitId_createTime_word_language, 1):
```

当然这个日志信息在 UI 监控页面也有个入口可以查看，但是用这种方式可以实时跟进正在"跑"的服务情况，并且对于多机器的集群而言，可以在每台机器上都按照这种方式来跟进日志信息，查看服务是否出错。

8.4 本章小结

- 结合之前章节的服务部署及优化措施，实现了产业环境中可用的词频统计任务，读者可根据 GitHub 上的代码自行完整地部署一遍。
- 注意其中一些代码细节的实现原理，比如用广播词表来减少网络开销，添加数据库连接池来减少数据库开销，这些在正式的产业环境中都是需要考虑的。
- 对于运行的 Spark Streaming 服务，要学会通过 Spark 提供的 UI 监控界面，以及各种日志信息进行观察、监控。

第 9 章 用户行为统计实战

在上一章中,我们将第 4 章中的词频统计实例进行了延伸实现,完整地让读者了解到实际生产环境中的项目框架是如何运行的。本章我们将继续介绍一个实时流计算场景中经常会碰到的问题,即用户行为数据统计分析。其与词频统计的主要区别是,这是一个带状态和窗口的例子。当然,本章中会做一些简化,以方便实现。

9.1 背景与设计

离线模型使用离线特征数据进行模型训练,随着在线训练的发展,实时的特征数据要求越来越高,用户近几分钟、几秒钟的行为信息往往比很多离线特征更具价值,实时特征的计算越来越重要。前面我们介绍了词频统计,这里介绍用户过去一段时间的行为统计,即实时滑动窗口的实现。

9.1.1 不同状态的保存方式

我们首先考虑 Spark Streaming 提供的带状态实时特征处理,即 mapWithState 和 updateStateByKey。

mapWithState 由 1.6 版本引入,跟 updateStateByKey 相同,都是基于 PairDStream,使用 checkpoint 容错机制,但其与 updateStateByKey 的明显区别有两点,下面详细说明。

- updateStateByKey:每次状态 RDD 和当前的 batch RDD 做 co-group 得到一个新的状态 RDD。这种方式完美契合了 RDD 的不变性,但每次都要更新所有的 key,尽管 key 并没有在这次 batch 的数据中出现,这样更新的代价是与 state 的大小成正比的。
- mapWithState:每个分区有一个 mapWithStateRDDRecord 对象存储当前分区下的所有数据状态。每次更新时,首先复制当前的 mapWithStateRDDRecord,然后只有在这个 batch 中出现的 key 会被执行更新。mapWithState 接受的不是一个函数,而是一个 StateSpec 对象。StateSpec 接收一个函数,该函数定义了更新操作,如下:

```
// 一个映射函数保存整型状态并返回一个字符串
def mappingFunction(key: String, value: Option[Int], state: State[Int]):
Option[String] = {
  // 使用 state.exists()、state.get()、state.update()和 state.remove()来管理
状态返回必须的字符串
}
val spec = StateSpec.function(mappingFunction)
```

其中，state 存储了 batch 数据之前的状态，我们的更新函数就是需要更新这个 state。下面通过例子来说明 mapWithState 和 updateByKey 的不同。

```
stream.flatMap(word => (word, 1)).updateStateByKey((newValues: Seq[Int],
oldValue: Option[Int]) => {
  println(s"update with new values = ${newValues.mkString(",")}")
  Some(newValues.foldLeft(oldValue.getOrElse(0))(_ + _))
}).foreachRDD(rdd => {
  rdd.foreach(println)
})
```

下面是 mapWithState：

```
stream.flatMap(word => (word, 1))
  .mapWithState(StateSpec.function((key: String, value: Option[Int],
    state: State[Int]) => {
    val sum = value.getOrElse(0) + state.getOption.getOrElse(0)
    val output = (key, sum)
    state.update(sum)
    println(s"update new value with $value")
    output
  })).foreachRDD(rdd => {
  rdd.foreach(println)
})
```

对比上述代码可以发现，在当前 batch 没有对应 key 的更新时，mapWithState 不会输出 update 信息，而 updateByKey 每次都输出所有 Key 对应的 update 信息。

前面提到，mapWithState 需要复制 mapWithStateRDDRecord，复制的快慢也直接影响了性能，我们可以把 mapWithStateRDDRecord 看成是一个 Map，实现过程中采用了增量的复制，比如同时维护多个 Map，多个 Map 同时构成了真正的集合。代码如下：

```
val a = oldMap                                          // 老的状态集合
val newMap = List(a, Map(key -> value))
```

假设新来的 batch 只有 key->value 一条新记录，并且这条记录不在老的 Map 中。然后，我们的新 Map 并没有将老的 Map 复制一遍，而是直接将这个新记录放在了一个新的 Map 中，由这两个 Map 共同组成了新 Map。

上述代码主要为了说明增量复制的原理，但这样做就一定是最合理的吗？其实不然。当这个新集合中的元素变得很多时，查找的复杂度是不可接受的，所以需要折中，当 Map 个数超过某个阈值时，就进行合并。mapWithState 的设计比 updateStateByKey 更加合理，因此我们应该尽量使用 mapWithState 而不是 updateStateByKey。

虽然 mapWithState 在复制状态时做了优化，但是当状态很多时，复制依然是一个耗时

操作。那应该怎么做呢？我们考虑使用 Redis 作为存储，省去了复制的时间。首先我们还是介绍一下如果使用 mapWithState 应该怎么设计，然后看下 Redis 表结构。

9.1.2　State 设计

怎么设计状态使得我们能快速获取过去一段时间的频次呢？使用 Array[Long]的方式存储时间戳，并且时间戳是有序的，假设这个变量是 logTime。可能存在一些频次特别大的样本，我们可以设置一个最大值来截断。下面是更新时间戳数组的逻辑：

```
def update(log: Seq[Array[String]], previous: ArrayBuffer[Long]) = {
  var logTime = log.map(_(2).toLong)

  logTime = logTime.slice(logTime.length - MAX, logTime.length)
  val x = previous
  var status = trim(x)

  val shouldRemove = logTime.length + status.length - MAX
  if (shouldRemove > 0)
    for (i <- 0 until shouldRemove if status.length > 0)
      status.remove(0)

  status ++= logTime
  status
}
```

update 接收 batch 的样本，每个样本是一个 Array[String]，其中的 String 表示样本中字段对应的取值。previous 表示保存的时间戳数组，在本例中，使用 log.map(_(Conf.INDEX_LOG_TIME).toLong)取得时间戳。

logTime.slice(logTime.length - MAX, logTime.length)方法只留下 MAX 个时间戳，这里假设每个 batch 内的时间戳是有序的，或者时间戳是很接近的。执行完该方法后，logTime 保存了某个 Key 在此 batch 数据内记录的时间戳序列。trim(x)将状态中过期的时间去除：

```
def trim(timestamps: ArrayBuffer[Long]) = trimHelper(timestamps, TRIM_
DURATION)
def trimHelper(timestamps: ArrayBuffer[Long], duration: Long) = {
   var i = 0
   while (i < timestamps.length && isInvalidate(timestamps(i), duration))
     i += 1
   timestamps.slice(i, timestamps.length)
                              // Scala 默认最后一条语句结果作为函数返回值
}
def isInvalidate(timestamp: Long, duration: Long) = {
   val threshold = System.currentTimeMillis / 1000 - duration
timestamp < threshold // 比较时间大小，返回布尔值
}
```

某个 Key 对应的状态维护的时间戳个数加上 batch 内的时间戳个数可能会超过我们给

定的最大值 MAX，由于状态保存的时间戳比 batch 内的时间戳更老，所以还需要计算在状态中去除的时间戳个数，即：

```
val shouldRemove = logTime.length + status.length - MAX
```

9.1.3 Redis 存储

我们需要维护的最大时间戳 MAX 可能比较大，但大多数用户具有的时间戳序列比较小，考虑将时间戳进行 flatten 操作，如表 9.1 所示。

表 9.1 用户操作记录表

物品1	时间1
物品1	时间2
物品2	时间1

对每个用户的记录根据操作时间进行排序，这样我们的查找、插入、删除时间都是用户记录数的对数复杂度。由于这些记录都是有序的，因此还能进一步对记录进行压缩存储。

在代码实现时按照 Redis 的方式来实现对状态的记录保存。

9.2 代 码 实 现

在上一节中我们对整个项目进行了总体设计，本节将详细介绍整个项目的代码实现过程，同样也需要有一个数据生成器，然后还会详细讲解用户行为统计的代码实现部分。

9.2.1 数据生成器

与第 8 章词频统计项目类似，本章的数据来源也是从 Kafka 中获取的，所以我们同样要构建一个数据生成器，其依赖配置与 8.2.1 节中描述一致，这里不再赘述。下面主要来说下代码实现部分。

生成数据的代码基本与词频统计的代码一致，具体如下：

```
package sparkstreaming_action.producer.main
import java.util.Properties
import scala.util.Random
import org.apache.kafka.clients.producer.KafkaProducer
import org.apache.kafka.clients.producer.ProducerRecord
object Producer extends App {
  // 命令行读入参数
  val events = args(0).toInt
```

```scala
    val topic = args(1)
    val brokers = args(2)
    val rnd = new Random()
    val props = new Properties()
    // 添加配置项
    props.put("bootstrap.servers", brokers)
    props.put("client.id", "userBehaviorGenerator")
    props.put("key.serializer", "org.apache.kafka.common.serialization.StringSerializer")
    props.put("value.serializer", "org.apache.kafka.common.serialization.StringSerializer")
    // 创建 Kafka 写入类
    val producer = new KafkaProducer[String, String](props)
    val t = System.currentTimeMillis()
    for (nEvents <- Range(0, events)) {
      // 生成模拟数据(timestamp, user, item)
      val timestamp = System.currentTimeMillis
      val user = rnd.nextInt(100)
      val item = rnd.nextInt(100)
      val data = new ProducerRecord[String, String](topic, user.toString,
      s"${timestamp}\t${user}\t${item}")
      // 写入数据
producer.send(data)
      if (rnd.nextInt(100) < 50) Thread.sleep(rnd.nextInt(10))
    }

    System.out.println("sent per second: " + events * 1000 / (System.currentTimeMillis() - t))
    producer.close()
}
```

这里我们灌输入 Kafka 的数据格式为[timestamp, user, item]，即用户在某一个时刻浏览了某一个项目的记录，从而在 Spark Streaming 端可以进行统计分析。

同样，可以利用 ConsumerTest 来查看灌入 Kafka 的数据是否正确，与 8.2.1 节类似，这里不再赘述。

9.2.2 用户行为统计

本次项目主要利用 Spark Streaming 对 Kafka 当中的数据进行统计分析，代码结构如图 9.1 所示。

其中，dao 层主要涉及 Redis 存取的一些过程，util 是一些通用方法、配置等，main 是统计的主入口函数，其中的 RealFeatureStatistic.scala 给出了一种 mapWithState 进行统计的 State 设计（这里不多介绍），FrequencyStrategy 是主函数入口。下面我们来一一解析。

第 9 章 用户行为统计实战

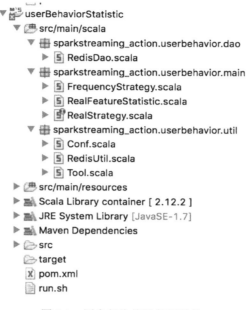

图 9.1 用户行为统计代码结构

1．依赖库

本例中用到了 Redis，在 6.5 节讲过关于 Redis 的使用部署，这里不再赘述，pom.xml 中完整的依赖包如下：

```xml
<dependencies>
<dependency> <!--Spark 核心依赖包 -->
 <groupId>org.apache.spark</groupId>
 <artifactId>spark-core_2.11</artifactId>
 <version>${spark.version}</version>
 <scope>provided</scope>
</dependency>
<dependency> <!-- Spark Streaming 依赖包 -->
 <groupId>org.apache.spark</groupId>
 <artifactId>spark-streaming_2.11</artifactId>
 <version>${spark.version}</version>
 <scope>provided</scope>
</dependency>
<dependency><!-- Spark SQL 依赖包-->
 <groupId>org.apache.spark</groupId>
 <artifactId>spark-sql_2.11</artifactId>
 <version>${spark.version}</version>
</dependency>
<dependency><!-- Spark Streaming with Kafka 依赖包 -->
 <groupId>org.apache.spark</groupId>
 <artifactId>spark-streaming-kafka-0-10_2.11</artifactId>
 <version>${spark.version}</version>
</dependency>
```

```xml
<dependency><!-- Redis Jedis 依赖包 -->
 <groupId>redis.clients</groupId>
 <artifactId>jedis</artifactId>
 <version>2.9.0</version>
 <type>jar</type>
 <scope>compile</scope>
</dependency>
<dependency><!--Log 日志依赖包 -->
 <groupId>log4j</groupId>
 <artifactId>log4j</artifactId>
 <version>1.2.17</version>
</dependency>
<dependency><!--日志依赖接口-->
 <groupId>org.slf4j</groupId>
 <artifactId>slf4j-log4j12</artifactId>
 <version>1.7.12</version>
</dependency>
</dependencies>
```

这里在 pom.xml 中设置了 spark.version 变量，使用了 2.3.0 的版本。另外我们看到不同于第 8 章，这里 Kafka 的 jar 包接口使用了 0.10 的高阶版本。

2．Kafka连接

值得注意的是，本例中使用了最新的 Kafka 高阶 API 接口，而不是基于底层的 Kafka 接口，并且在本例中自动保存并更新 offset，而是直接利用检查点（checkpoint）机制对偏移量（offset）进行自动保存和断点恢复。代码如下：

```scala
def constructKV(ssc: StreamingContext) = {
    // Kafka 数据流
 val kafkaParams = Map[String, Object](
    // Kafka 配置
      "bootstrap.servers" -> Conf.brokers,
      "key.deserializer" -> classOf[StringDeserializer],
      "value.deserializer" -> classOf[StringDeserializer],
      "group.id" -> Conf.group,
      "auto.offset.reset" -> "latest",
      "enable.auto.commit" -> (false: java.lang.Boolean))
    // Kafka 数据流创建
    val stream = KafkaUtils.createDirectStream[String, String](
      ssc,
      PreferConsistent,
      Subscribe[String, String](Conf.topics, kafkaParams))
    // 数据流切分
    val KV = stream.map(record => {
      val arr = record.value.split(Conf.SEPERATOR)
      (arr(Conf.INDEX_LOG_USER), arr)
    })

    KV
}
```

在启动 Kafka 时，因为生产环境中用户行为统计的高频和实时性要求，我们利用 latest

方式获取偏移量（offset），而在创建 Kafka 数据流时，使用 subscribe 订阅的方式，自动进行负载均衡，而无须人为干预。

3．Redis dao存储层

在 6.5.3 节中已经讲过 Redis 通用类的重连，以及查看连接是否存活等，这里不再赘述。本节重点讲下如何按 batch 进行存/取，以及 encode（编码操作）、decode（解码操作）和窗口统计。代码如下：

```
def updateRecord(_table: Array[Array[Long]], _vals: ArrayBuffer[(Long,
Long)], key: String) = {

  val table = _table.map { x => (x(0), x(1)) }
  // 打印一些日志，用于观察
  if (table.length > 0 && math.random < 0.1) {
    println(s"query $key and get ${table.mkString("\t")}")
  }
  val vals = _vals.map { x => (x._1, x._2) }
  val union = (table ++ vals).sorted

  val newTable = ArrayBuffer[Array[Long]]()
  var preItem = -1L
  var cnt = 0

  var i = union.length - 1
  while (i >= 0) {
    val (item, timestamp) = union(i)
    //println(s"isInvalidate(${timestamp}, ${windowSize}) = ${isInvalidate
(timestamp, windowSize)}")
    if (!Tool.isInvalidate(timestamp, Conf.windowSize)) {
      if (item == preItem) {
        cnt += 1
      } else {
        preItem = item
        cnt = 1
      }

      if (cnt <= Conf.MAX_CNT) {
        newTable += Array(item, timestamp)
      }
    }
    i -= 1
  }

  newTable.reverse.toArray
}
```

其中，_table 是我们从 Redis 取出的，即还没有更新的 table，_vals 是此次的 batch 数据。我们先把这两部分进行合并，然后排序，得到一个根据 item 和时间排序的二维数组。由于某个用户因为种种原因可能对某个物品的操作有很多，我们只保留最近的 MAX_CNT 个记录使得存储可控。

我们将存有用户行为的二维数组进行编码操作并存入 Redis，取出时进行相应的解码操作。

```scala
// 将 Array 编码为字节数组
def encodeArray(newTable: Array[Array[Long]]): Array[Byte] = {
  val baos = new ByteArrayOutputStream
  val dos = new java.io.DataOutputStream(baos)
  dos.writeInt(newTable.length)
  for (i <- 0 until newTable.length)
    for (j <- 0 until Conf.RECORD_SZ) {
      dos.writeLong(newTable(i)(j))
    }
  baos.toByteArray
}

// 对字节数组进行解码
def decodeArray(input: Array[Byte]): Array[Array[Long]] = {
  val bais = new ByteArrayInputStream(input)
  val dis = new java.io.DataInputStream(bais)
  val len = dis.readInt()
  val buf = new ArrayBuffer[Array[Long]]()
  for (i <- 0 until len) {
    val arr = new ArrayBuffer[Long]()
    for(j <- 0 until Conf.RECORD_SZ)
      arr += dis.readLong
    buf += arr.toArray
  }
  buf.toArray
}
```

为了便于对 byte 数组的操作，我们使用了 ByteArrayOutputStream、DataOutputStream、ByteArrayInputStream 和 DataInputStream 多个 Java 自带 IO 类分别进行编码和解码操作。

9.3 环境配置与运行

在代码实现好后，本节将运行整个项目，并且查看应用输出的结果。

9.3.1 相关服务启动

在 8.3.1 节中我们已经讲解过相关服务 ZooKeeper、Spark、Kafka 等的启动方法，本章的实例还要涉及 Redis，因此这里还需启动 Redis 服务。

启动 Redis 服务很简单，在 6.5.1 节中已经讲过。在 Mac 环境可以直接利用下面的任意一个命令启动 Redis 服务：

```
$ brew services start redis
$ redis-server /usr/local/etc/redis.conf
```
在 Ubuntu 等其他 Linux 环境下，直接利用以下命令启动服务：
```
$ redis-server
```
默认情况下，Redis 的端口号为 6379。

9.3.2 查看结果

在所有相关服务都启动后，在项目目录下先执行 mvn clean install 命令进行编译，之后通过如下命令：
```
$ nohup /Users/xiaolitao/Tools/spark-2.2.0-bin-hadoop2.7/bin/spark-submit \
--class sparkstreaming_action.userbehavior.main.RealFeatureStat \
--num-executors 4 \
--driver-memory 1G \
--executor-memory 1g  \
--executor-cores 1 \
--conf spark.default.parallelism=1000 \
target/UserBehaviorStatistic-0.1-jar-with-dependencies.jar &
```
将编译好的 jar 包提交到 Spark 集群中运行，然后利用数据生成器向 Kafka 中灌输数据，在数据生成器项目目录下执行 mvn clean install 命令，然后生成数据命令如下：
```
$ java -cp target/userBehaviorGenerator-1.0-jar-with-dependencies.jar sparkstreaming_action.producer.main.Producer 10000 userBehavior localhost:9091
```

启动成功后，可以在 localhost:8080 默认端口下看到成功运行的任务，如图 9.2 所示。

图 9.2 用户行为分析基本 UI 查看

在进入任务的详情 UI 界面，同样可以看到接收 Kafka 数据的情况，以及 Job 的执行情况，如图 9.3 所示。

图 9.3　查看用户行为分析详情

利用 Redis 客户端命令 $ redis-cli keys *_freq，可以看到插入的 Key 值，并且通过 $ get <key>，可以看到具体的 value（我们进行了编码操作，所以是十六进制序列），代码如下：

```
$ redis-cli keys *_freq
 1) "73_freq"
 2) "4_freq"
 3) "91_freq"
 4) "68_freq"
 5) "57_freq"
 6) "27_freq"
 7) "5_freq"
 8) "46_freq"
 9) "11_freq"
...
$ redis-cli get 73_freq
"\x00\x00\x00\x19\x00\x00\x00\x00\x00\x00\x00I\x00\x00\x01g%iQ\xff\x00\
x00\x00\x00\x00\x00\x00I\x00\x00\x01g%iR\x1b\x00\x00\x00\x00\x00\x00\
x00I\x00\x00\x01g%iR\xf1\x00\x00\x00\x00\x00\x00\x00I\x00\x00\x01g%iS\
xd7\x00\x00\x00\x00\x00\x00\x00I\x00\x0...
```

进入 Spark 集群目录，由于这里是单机模仿集群工作，可以直接在 Spark 安装目录下找到当前任务节点下的日志，同样使用如下命令：

```
$ tail -f */stdout
```

可以查看所有节点的日志内容，可以看到打印的日志，包括窗口统计信息和时间消耗信息，

代码如下:

```
==> 0/stdout <==
discard 0,1542520918795
discard 0,1542520919121
discard 0,1542520919174
query 7_freq and get (7,1542520913497) (7,1542520913677) (7,1542520913688)
(7,1542520914238) (7,1542520914579) (7,1542520914597) (7,1542520915000)
(7,1542520915000) (7,1542520915055) (7,1542520915223) (7,1542520916119)
(7,1542520916621) (7,1542520916894) (7,1542520916914) (7,1542520917054)
(7,1542520917067) (7,1542520917264) (7,1542520917276) (7,1542520917418)
(7,1542520917517) (7,1542520917740) (7,1542520918374) (7,1542520918621)
(7,1542520918819) (7,1542520919990)
deal with 1 records in 1 ms.
...
==> 1/stdout <==
query 46_freq and get(46,1542520911744) (46,1542520911800) (46,1542520911942)
(46,1542520912105) (46,1542520912160) (46,1542520912860) (46,1542520913567)
(46,1542520913567) (46,1542520913919) (46,1542520914296) (46,1542520914616)
(46,1542520914643) (46,1542520914658) (46,1542520914886) (46,1542520915033)
(46,1542520915177) (46,1542520915200) (46,1542520915455) (46,1542520915498)
(46,1542520916728) (46,1542520916782) (46,1542520918695) (46,1542520918982)
(46,1542520919558)    (46,1542520919794)
deal with 1 records in 0 ms.
...
==> 2/stdout <==
discard 0,1542520922321
discard 0,1542520922679
discard 0,1542520922813
discard 0,1542520922844
deal with 1 records in 0 ms.
query 13_freq and get(13,1542520912145) (13,1542520912549) (13,1542520912606)
(13,1542520912716) (13,1542520914579) (13,1542520914801) (13,1542520915223)
(13,1542520915719) (13,1542520915898) (13,1542520916051) (13,1542520916646)
(13,1542520916766) (13,1542520916801) (13,1542520917049) (13,1542520917075)
(13,1542520917295) (13,1542520918744) (13,1542520918872) (13,1542520919443)
(13,1542520919730) (13,1542520919952) (13,1542520920539) (13,1542520920608)
(13,1542520922455)    (13,1542520922634)
```

我们可以观察日志信息,每个物品的浏览记录,并查看项目是否正常运行。最后插入Redis当中的数据,可以供其他程序访问,进行加工训练、展示。

9.4 本章小结

- 与第 8 章类似,本章的实例结合之前章节的服务部署及优化措施,实现了产业环境可用的用户行为分析统计,读者可根据 GitHub 上的代码完整地部署一遍。
- 注意其中一些代码细节的实现原理,比如在状态累计时,为什么最终选用了 Redis,

Redis 连接的技巧及 Checkpoint 设置对容错的恢复，这些在正式的产业环境中都是需要考虑的。
- 根据 Spark UI 监控界面和日志信息来判断、监控整个流式任务的运行情况，注意实时观察。

第 10 章 监控报警系统实战

本章的案例场景我们设置在一个流式处理非常有用的地方，即监控报警系统。监控报警系统最重要的就是实时性，流式处理系统能够在数据收到后，近乎实时地进行统计分析，然后对达到报警要求的情况进行报警。

10.1 背景与设计

对于各大论坛、App Store 及应用宝等渠道，每天都会产生大量的用户评论，分析这些用户评论，能够实时掌握应用情况，帮助应用开发人员及时做出调整。在市面上有很多成熟的分析网站，如腾讯 WeTest、Thinkinggame、微热点等，该类网站会针对某个特定领域收集网络上的各类数据，然后进行分析、归纳，展示给用户，对于已经订阅的用户，根据用户要求提供报警推送服务。

本章实例中首先开发一个简单的爬虫，从热门的 Taptap 社区爬取指定游戏的用户评论，然后利用 Spark Streaming 对评论进行过滤、分词，最终通过 Java 应用程序将结果归纳汇总，根据规则进行报警，流程图如图 10.1 所示。

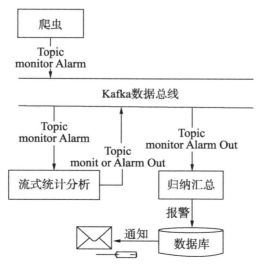

图 10.1 监控报警案例流程图

整个系统中，Kafka 作为数据总线，整个流程如下：

（1）利用爬虫程序爬取用户评论并灌输入 Kafka 数据总线中。

（2）流式应用从 Kafka 中拉取数据，进行统计分析后，再将分析后的数据灌入 Kafka 的另一个 Topic 中。

（3）Java 汇总程序从 Kafka 中拉取分析过后的数据进行归纳汇总，对于达到报警规则限制的情况进行报警，写入数据库中。

（4）最后针对具体的场景，我们可以根据数据库中的记录，进行邮件、微信等报警，通知用户。

针对上面的设计，将整个报警系统分为 3 个子项目，分别是 monitorAlarmCrawler、monitorAlarmStatistic 和 monitorAlarmCount（设计成这种框架结构的原因会在后面一一剖析。当然该架构也不一定就是完美的，也是对各种因素考量后的折中方案）。下面分别介绍。

- monitorAlarmCrawler：即用户评论简易爬虫程序，采用 Scala 编写，其代码结构如图 10.2 所示。

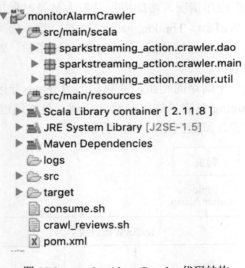

图 10.2　monitorAlarmCrawler 代码结构

- monitorAlarmStatistic：即流式处理分析模块，利用 Spark Streaming 实现，对 Kafka 中的用户数据进行过滤分词，然后再存入 Kafka 中，结构如图 10.3 所示。
- monitorAlarmCount：即归纳统计模块，采用 Java 编写，对 Spark Streaming 处理过的 Kafka 中的数据进行归纳整理，对达到报警规则的数据进行报警，结构如图 10.4 所示。

下面我们针对每一个子项目，详细讲解具体开发过程。

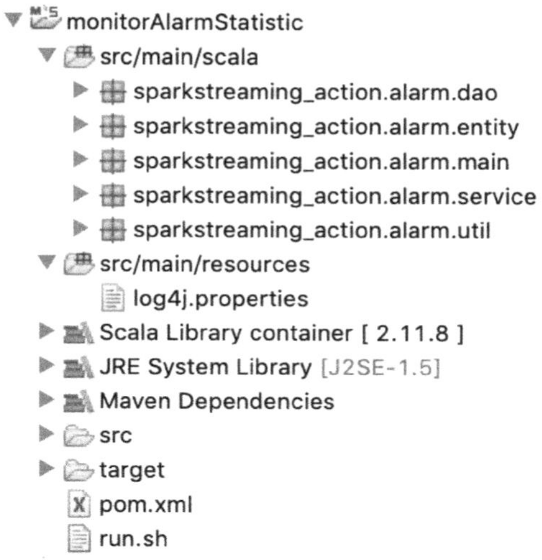

```
▼ ⬛ monitorAlarmStatistic
  ▼ 🗁 src/main/scala
    ▶ ⊞ sparkstreaming_action.alarm.dao
    ▶ ⊞ sparkstreaming_action.alarm.entity
    ▶ ⊞ sparkstreaming_action.alarm.main
    ▶ ⊞ sparkstreaming_action.alarm.service
    ▶ ⊞ sparkstreaming_action.alarm.util
  ▼ 🗁 src/main/resources
      📄 log4j.properties
  ▶ 🗃 Scala Library container [ 2.11.8 ]
  ▶ 🗃 JRE System Library [J2SE-1.5]
  ▶ 🗃 Maven Dependencies
  ▶ 🗁 src
  ▶ 🗁 target
    📄 pom.xml
    📄 run.sh
```

图 10.3 monitorAlarmStatistic 代码结构

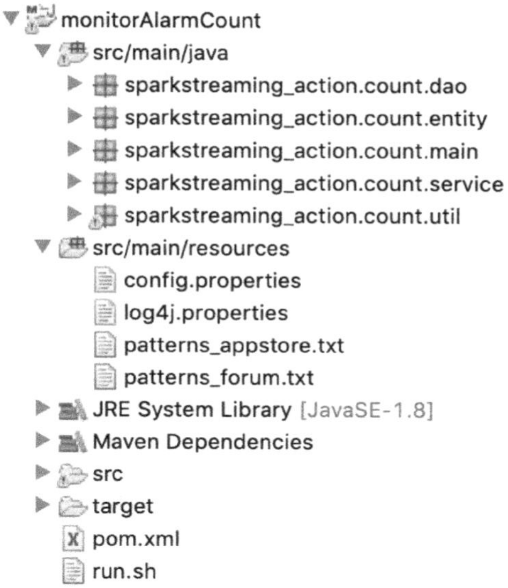

```
▼ ⬛ monitorAlarmCount
  ▼ 🗁 src/main/java
    ▶ ⊞ sparkstreaming_action.count.dao
    ▶ ⊞ sparkstreaming_action.count.entity
    ▶ ⊞ sparkstreaming_action.count.main
    ▶ ⊞ sparkstreaming_action.count.service
    ▶ ⊞ sparkstreaming_action.count.util
  ▼ 🗁 src/main/resources
      📄 config.properties
      📄 log4j.properties
      📄 patterns_appstore.txt
      📄 patterns_forum.txt
  ▶ 🗃 JRE System Library [JavaSE-1.8]
  ▶ 🗃 Maven Dependencies
  ▶ 🗁 src
  ▶ 🗁 target
    📄 pom.xml
    📄 run.sh
```

图 10.4 monitorAlarmCount 代码结构

10.2 代码实现

在完成了代码的整体框架结构设计后，需要针对每个子项目和每个模块进行逐一开发。读者在开发大型项目的过程中要注意单元测试，理解每个模块的设计原则，这样在统筹联调时才能少出错。

10.2.1 简易爬虫子项目

首先我们来设计一下爬虫程序，从 Taptap 的 https://www.taptap.com/app/2301/review 游戏评论专区爬取一些游戏用户评论。在本例中，我们简化一些，只爬取用户评论内容，不考虑如发帖时间、跟帖之类的信息，在实际生产环境中，这类信息也比较重要，请读者注意。

在开发爬虫程序的过程中，需要从数据库中读取待爬取游戏的 ID，从网页端拉取网页内容，然后用 Xpath 解析整个网页，提取出我们需要的评论内容，并将这部分内容以 JSON 的格式输出到 Kafka 中，所以我们需要依赖 Scala 中的 Kafka、MySQL、XPath 及 JSON 等包。Maven 依赖项代码如下：

```
<dependencies><!--Kafka 依赖包 -->
<dependency>
  <groupId>org.apache.kafka</groupId>
```

```xml
    <artifactId>kafka_2.11</artifactId>
    <version>0.10.1.0</version>
    <exclusions><!--排除引起冲突的依赖-->
     <exclusion>
      <artifactId>jmxri</artifactId>
      <groupId>com.sun.jmx</groupId>
     </exclusion>
     <exclusion>
      <artifactId>jmxtools</artifactId>
      <groupId>com.sun.jdmk</groupId>
     </exclusion>
     <exclusion>
      <artifactId>jms</artifactId>
      <groupId>javax.jms</groupId>
     </exclusion>
     <exclusion>
      <artifactId>junit</artifactId>
      <groupId>junit</groupId>
     </exclusion>
    </exclusions>
   </dependency>
   <dependency><!--MySQL 依赖包 -->
    <groupId>mysql</groupId>
    <artifactId>mysql-connector-java</artifactId>
    <version>5.1.31</version>
   </dependency>
   <dependency><!--连接池依赖包-->
    <groupId>c3p0</groupId>
    <artifactId>c3p0</artifactId>
    <version>0.9.1.2</version>
   </dependency>
   <dependency><!-- HTML 解析依赖包 -->
    <groupId>net.ruippeixotog</groupId>
    <artifactId>scala-scraper_2.11</artifactId>
    <version>2.1.0</version>
   </dependency>
   <dependency><!--XPath 依赖包 -->
    <groupId>com.nrinaudo</groupId>
    <artifactId>kantan.xpath-nekohtml_2.11</artifactId>
    <version>0.5.0</version>
   </dependency>
   <dependency><!--JSON 依赖包-->
    <groupId>io.spray</groupId>
    <artifactId>spray-json_2.10</artifactId>
    <version>1.3.2</version>
   </dependency>
   <dependency><!--单元测试依赖包-->
    <groupId>junit</groupId>
    <artifactId>junit</artifactId>
    <version>3.8.1</version>
    <scope>test</scope>
   </dependency>
  </dependencies>
```

关于 MySQL，这里依然使用 c3p0 的方式建立数据库连接池，这样能够减少 MySQL 反复建立数据库连接的开销，代码如下：

```scala
class MysqlPool extends Serializable {
  @transient lazy val log = LogManager.getLogger(this.getClass)

  private val cpds: ComboPooledDataSource = new ComboPooledDataSource(true)
  private val conf = Conf.mysqlConfig
  try {
    // 利用 c3p0 配置 MySQL
    cpds.setJdbcUrl(conf.get("url").getOrElse("jdbc:mysql://localhost:3306/monitor_alarm?useUnicode=true&amp;characterEncoding=UTF-8"));
    cpds.setDriverClass("com.mysql.jdbc.Driver");
    cpds.setUser(conf.get("username").getOrElse("root"));
    cpds.setPassword(conf.get("password").getOrElse("root"))
    cpds.setInitialPoolSize(3)
    cpds.setMaxPoolSize(Conf.maxPoolSize)
    cpds.setMinPoolSize(Conf.minPoolSize)
    cpds.setAcquireIncrement(5)
    cpds.setMaxStatements(180)
    /* 最大空闲时间，25000 秒内未使用则连接被丢弃。若为 0 则永不丢弃。Default: 0 */
    cpds.setMaxIdleTime(25000)
    // 检测连接配置
    cpds.setPreferredTestQuery("select id from games limit 1")
    cpds.setIdleConnectionTestPeriod(18000)
  } catch {
    case e: Exception =>
      log.error("[MysqlPoolError]", e)
  }
  // 获取数据库连接
  def getConnection: Connection = {
    try {
      return cpds.getConnection();
    } catch {
      case e: Exception =>
        log.error("[MysqlPoolGetConnectionError]", e)
        null
    }
  }
}
object MysqlManager {
  var mysqlManager: MysqlPool = _
  def getMysqlManager: MysqlPool = {
    synchronized {
      if (mysqlManager == null) {
        mysqlManager = new MysqlPool
      }
    }
    mysqlManager
  }
}
```

另外，我们写一个 Conf 配置类，将 Kafka 及 MySQL 等配置内容写在这个类中，这里不再赘述，读者可以直接看开源的源代码。

接下来首先从数据库中拉取需要爬取的游戏 ID，然后从 Taptap 网站拉取内容并解析我们需要的游戏评论内容，代码如下：

```scala
object Crawler {
  @transient lazy val log = LogManager.getLogger(this.getClass)

  /**
   * 加载游戏库
   */
  def getGames: Map[Int, String] = {
    val preTime = System.currentTimeMillis
    //读取所有游戏
    var sql = "select * from games"
    val conn = MysqlManager.getMysqlManager.getConnection
    val statement = conn.createStatement
    try {
      val rs = statement.executeQuery(sql)
      val games = Map[Int, String]()
      while (rs.next) {
        games += (rs.getInt("game_id") -> rs.getString("game_name"))
      }
      log.warn(s"[loadSuccess] load entities from db count: ${games.size}\
      ttime elapsed: ${System.currentTimeMillis - preTime}")
      games                                                          // 返回游戏库
    } catch {
      case e: Exception =>
        log.error("[loadError] error: ", e)
        Map[Int, String]()
    } finally {
      statement.close()
      conn.close()
    }
  }

  /**
   * 从 taptap 上爬取用户评论数据
   */
  def crawData(pageNum: Int): Map[Int, List[String]] = {
    // 获取游戏库
    val games = getGames
    println(games)
    val data = Map[Int, List[String]]()
    games.foreach(e => {
      val (game_id, game_name) = e
      val reviews = ListBuffer[String]()
      for (page <- 1 until pageNum + 1) { // 20 reviews per page
        val url = s"https://www.taptap.com/app/$game_id/review?order=
        default&page=$page#review-list"
        println(url)
        val html = Source.fromURL(url).mkString
        // 利用 XPath 解析 HTML 文档中<div class='item-text-body'><p>标签内容
        val rs = html.evalXPath[List[String]](xp"//div[@class='item-text-
        body']/p")
        if (rs.isRight)
```

```
        reviews ++= rs.right.get
      }
      log.info(s"$game_name craw data size: ${reviews.size}")
      data += (game_id -> reviews.toList)
    })
    log.info(s"craw all data done, size: ${data.values.size}\nfirst is
    ${data(2301)(0)}")
    data
  }
}
```

其中，getGames 从数据库表格 games 中拉取 gameId 和 gameName 信息，crawData 根据我们需要爬取的评论页数，对指定游戏 ID 进行爬取。注意这里我们使用 XPath 来解析网站内容，在爬取时需要读者观察网站的结构，找寻规律，爬取想要的内容。在这里我们爬取 class 为 item-text-body 的<div>标签下，所有<p>的内容，作为游戏评论内容。

之后将爬取到的内容灌入 Kafka 的指定 Topic 中，整个代码如下：

```
object Producer extends App {
  val pageNumPerGame = args(0).toInt               // 命令行参数读取爬取页数
  val topic = args(1)
  val brokers = args(2)
  val rnd = new Random()
  // 设置 Kafka 配置项
  val props = new Properties()
  props.put("bootstrap.servers", brokers)
  props.put("client.id", "monitorAlarmCrawler")
  props.put("key.serializer", "org.apache.kafka.common.serialization.
  StringSerializer")
  props.put("value.serializer", "org.apache.kafka.common.serialization.
  StringSerializer")

  val producer = new KafkaProducer[String, String](props)
  val t = System.currentTimeMillis()

  // 从 TapTap 上爬取用户评论数据(game_id, comments)
  val crawlerData = Crawler.crawData(pageNumPerGame)

  var events = 0
  for (e <- crawlerData) {
    val (game_id, reviews) = e
    reviews.foreach(review => {
      // 防止中文乱码，转码 UTF-8
      val revUtf8 = new String(review.getBytes, 0, review.length, "UTF8")
      // key 为 gameId，值为 JSON 字符串
      val data = new ProducerRecord[String, String](topic, game_id.toString,
      Map("gameId" -> game_id.toString, "review" -> revUtf8).toJson.
      toString)
      // 写入 Kafka
      producer.send(data)
      events += 1
    })
  }
```

```
    System.out.println("sent per second: " + events * 1000 / (System.current
    TimeMillis() - t))
    producer.close()
}
```

爬虫逻辑很简单，这里需要注意的是从网站爬取的内容，编码格式也许不是 UTF-8，在之后的分析过程中容易出现问题，所以我们利用 New String(review.getBytes, 0, review.length, "UTF8")对内容进行了重编码。在实际生产环境中，关于中文的编码格式一定要注意，要清楚是 UTF-8 还是 GBK 等。

另外需要注意的是，在 Scala 中，关于 JSON 的操作，这里使用了 spray_json，在代码中方便地将 Map[String, String]数据类型转换为了 JSON 字符串，灌入 Kafka 中。

值得注意的是：在实际生产环境中，灌入 Kafka 总线中的数据一般会采用一种通用的编码格式，如 JSON，不过 JSON 在解码的时候经常会出现错误。另一种更好的编码格式是谷歌提出的 PB，即 protobuf，谷歌对各个语言都提供了很好的接口，大家用到时可以阅读官方文档 https://developers.google.com/protocol-buffers/，本例中使用了 JSON 格式进行编码。

10.2.2 流式处理子项目

本项目中需要用到 Spark Streaming 做流式处理，通过 Kafka 接口灌输数据。另外，我们需要从数据库中读取监控游戏库，在分析爬取到的数据时需要用到 JSON 解析及分词，综合我们的依赖情况如下：

```
<dependencies>
  <dependency> <!--Spark 依赖包 -->
   <groupId>org.apache.spark</groupId>
   <artifactId>spark-core_2.11</artifactId>
   <version>${spark.version}</version>
   <scope>provided</scope><!--运行时提供，打包不添加，Spark 集群已自带-->
  </dependency>
  <dependency> <!-- Spark Streaming 依赖包 -->
   <groupId>org.apache.spark</groupId>
   <artifactId>spark-streaming_2.11</artifactId>
   <version>${spark.version}</version>
   <scope>provided</scope><!--运行时提供，打包不添加，Spark 集群已自带-->
  </dependency>
  <dependency><!-- Spark SQL 依赖包 -->
   <groupId>org.apache.spark</groupId>
   <artifactId>spark-sql_2.11</artifactId>
   <version>${spark.version}</version>
  </dependency>
  <dependency><!-- Spark Streaming with Kafka 依赖包 -->
   <groupId>org.apache.spark</groupId>
   <artifactId>spark-streaming-kafka-0-10_2.11</artifactId>
   <version>${spark.version}</version>
  </dependency>
  <dependency><!--MySQL 依赖包 -->
   <groupId>mysql</groupId>
```

```xml
    <artifactId>mysql-connector-java</artifactId>
    <version>5.1.31</version>
</dependency>
<dependency><!--连接池依赖包-->
    <groupId>c3p0</groupId>
    <artifactId>c3p0</artifactId>
    <version>0.9.1.2</version>
</dependency>
<dependency><!--Json 依赖包 -->
    <groupId>io.spray</groupId>
    <artifactId>spray-json_2.10</artifactId>
    <version>1.3.2</version>
</dependency>
<dependency><!--HTTP 依赖包 -->
    <groupId>org.scalaj</groupId>
    <artifactId>scalaj-http_2.10</artifactId>
    <version>2.3.0</version>
</dependency>
<dependency><!--segment 结巴分词依赖包 -->
    <groupId>com.huaban</groupId>
    <artifactId>jieba-analysis</artifactId>
    <version>1.0.2</version>
</dependency>
<dependency><!--Log 日志依赖包 -->
    <groupId>log4j</groupId>
    <artifactId>log4j</artifactId>
    <version>1.2.17</version>
</dependency>
<dependency><!--日志依赖接口-->
    <groupId>org.slf4j</groupId>
    <artifactId>slf4j-log4j12</artifactId>
    <version>1.7.12</version>
</dependency>
</dependencies>
```

我们将流式处理子项目分为 DAO、entity、service 及 util 几个模块结构，接下来逐个介绍。

1．dao模块

dao 模块用于存放一些与外部数据打交道的代码，比如 MySQL 和 Kafka，这里需要从数据库读取监控的游戏名单 monitor_games，所以需要 MySQL Pool 连接池类，该类与前面爬虫子项目类似，这里不再赘述。另外一个重要的代码模块是向 Kafka 中输出已经过滤好分词的数据，这需要用到 Kafka 的相关接口，起名为 KafkaSink 类，代码如下：

```scala
class KafkaSink[K, V](createProducer: () => KafkaProducer[K, V]) extends Serializable {

    lazy val producer = createProducer()
    // 发送键值信息
    def send(topic: String, key: K, value: V): Future[RecordMetadata] =
        producer.send(new ProducerRecord[K, V](topic, key, value))
```

```
    // 发送值信息
    def send(topic: String, value: V): Future[RecordMetadata] =
      producer.send(new ProducerRecord[K, V](topic, value))
}

object KafkaSink {

  import scala.collection.JavaConversions._
  // 单例设计模式
  def apply[K, V](config: Map[String, Object]): KafkaSink[K, V] = {
    val createProducerFunc = () => {
      val producer = new KafkaProducer[K, V](config)

      sys.addShutdownHook {
        producer.close()
      }

      producer
    }
    new KafkaSink(createProducerFunc)
  }
  def apply[K, V](config: java.util.Properties): KafkaSink[K, V] = apply
(config.toMap)
}
```

我们调用 Kafka 接口,可以利用 send() 函数向 Kafka 中灌入数据,注意该类也继承了 Serializable,因为我们后续要将该连接对象以广播的形式发送给各个节点,从而减少各个节点单独建立 Kafka 连接的开销。

2. entity模块

entity 模块与前面的实例一样,放置与数据库、Kafka 相通的内部对应实体类,类 MonitorGame 与数据表 monitor_games 对应,Record 类与 Kafka 中接收到的数据记录对应,代码如下:

```
case class MonitorGame(
  gameId: Int,                                 // 游戏 ID 和游戏名
  gameName: String) extends Serializable
case class Record(
  gameId: Int,                                 // 游戏 ID 和评论内容
  content: String) extends Serializable
```

3. service模块

service 模块主要用来进行具体的分析过滤服务,首先需要从数据库中读取监控的游戏库,代码如下:

```
object MysqlService extends Serializable {
  @transient lazy val log = LogManager.getLogger(this.getClass)
  /**
   * 加载监控游戏库
   */
```

```scala
def getGames(): Map[Int, MonitorGame] = {
  val preTime = System.currentTimeMillis
  //读取所有监控游戏库
  var sql = "select * from monitor_games"
  val conn = MysqlManager.getMysqlManager.getConnection
  val statement = conn.createStatement
  try {
    val rs = statement.executeQuery(sql)    // 执行
    val games = Map[Int, MonitorGame]()
    while (rs.next) {
      games += (rs.getInt("game_id") -> new MonitorGame(
        rs.getInt("game_id"),
        rs.getString("game_name")))
    }
    log.warn(s"[loadSuccess] load entities from db count: ${games.size}\
      ttime elapsed: ${System.currentTimeMillis - preTime}")
    games                                    // 返回游戏库
  } catch {
    case e: Exception =>
      log.error("[loadError] error: ", e)
      Map[Int, MonitorGame]()
  } finally {
    statement.close()
    conn.close()
  }
}
```

在接收到来自 Kafka 的数据时，需要对其进行 JSON 解析，代码如下：

```scala
object MyJsonProtocol extends DefaultJsonProtocol {
  implicit val docFormat = jsonFormat2(Record)
}                                            // spray json 库提供的解析协议
object JsonParse {
  import spray.json._
  import MyJsonProtocol._
  // 将 Record 对象转为 JSON 字符串
  def record2Json(doc: Record): String = {
    doc.toJson.toString()
  }
  // 将 JSON 字符串转为 Record 对象
  def json2Record(json: String): Record = {
    json.parseJson.convertTo[Record]
  }
}
```

接收到来自 Kafka 的数据后，需要对其进行过滤和分词操作，这里使用了结巴分词的 Java 版本，地址为 https://github.com/huaban/jieba-analysis。核心代码如下：

```scala
object SegmentService extends Serializable {
  @transient lazy val log = LogManager.getLogger(this.getClass)
  def mapSegment(json: String, monitorGames: Map[Int, MonitorGame]):
  Option[(Int, String)] = {
    val preTime = System.currentTimeMillis
```

```scala
    try {
      // 利用 Scala match case 语法解析 JSON
      json.parseJson.asJsObject.getFields("gameId", "review") match {
        case Seq(JsString(gameId), JsString(review)) => {
          if (!monitorGames.contains(gameId.toInt)) {
            log.warn(s"[ignored] no need to monitor gameId: ${gameId}");
            None
          } else {
            try {
              if (review.trim() == "") {
                log.warn(s"[reviewEmptyError] json: ${json}")
                None
              } else {
                val ge = monitorGames.get(gameId.toInt).get
                // 返回 JSON 结果
                val jo = JsObject(
                  "gameId" -> JsNumber(ge.gameId),
                  "review" -> JsString(review),
                  "reviewSeg" -> JsString(segment(filter(review))),
                  "gameName" -> JsString(ge.gameName))
                log.warn(s"[Segment Success] gameId: ${ge.gameId}\tgameName:
                  ${ge.gameName}\t" +
                  s"time elapsed: ${System.currentTimeMillis - preTime}\t" +
                  s"MonitorGame count: ${monitorGames.size}")
                Some((ge.gameId, jo.toString))
              }
            } catch {
              case e: Exception => {
                log.error(s"[Segment Error] mapSegment error\tjson string:
                  ${json}\treview: ${review}", e)
                None
              }
            }
          }
        }
        case _ => {
          log.warn(s"[Segment Match Failed] json parse match failed! error
            json is:\n${json}")
          None
        }
      }
    } catch {
      case e: Exception => {
        log.error(s"[Segment Json Parse Error] mapSegment error\tjson
          string: ${json}", e)
        None
      }
    }
  }

  // 过滤特殊字符
  def filter(s: String): String = {
    return s.replace("\t", " ");
  }
```

```
// 利用结巴进行分词
def segment(review: String): String = {
  val seg = new JiebaSegmenter
  var ts = seg.process(review, SegMode.SEARCH);
  val words = MutableList[String]()
  for (t <- JavaConversions.asScalaBuffer(ts)) {
    words += t.word
  }
  words.mkString("\t")
}
```

4．util模块

util 模块用于存放一些通用的公共类，比如 Conf 配置类及 BroadcastWrapper 类，即广播封装类。

在 7.2 节中我们提到过将大变量广播出去，在本例中，由于监控游戏库可能很大，而每个节点在过滤数据时都需要依赖，所以我们定期广播，并且在一定时间内统一更新后再重新广播。另外一个就是之前提到的 KafkaSink 对象，该对象用于向 Kafka 灌输数据，可以广播到每个节点上。BroadcastWrapper 类的代码如下：

```
case class BroadcastWrapper[T: ClassTag](
    @transient private val ssc: StreamingContext,
    @transient private val _v: T) {

  @transient private var v = ssc.sparkContext.broadcast(_v)
  // 更新广播变量
  def update(newValue: T, blocking: Boolean = false): Unit = {
    v.unpersist(blocking)
    v = ssc.sparkContext.broadcast(newValue)
  }

  def value: T = v.value

  private def writeObject(out: ObjectOutputStream): Unit = {
    out.writeObject(v)
  }

  private def readObject(in: ObjectInputStream): Unit = {
    v = in.readObject().asInstanceOf[Broadcast[T]]
  }
}
```

BroadcastWrapper 类的主要目的是更新广播变量，广播变量一经广播是无法修改的，这里我们使用 unpersist()函数释放旧的广播变量，之后将新的数据重新广播即达到更改广播变量的目的，这点在 7.2 节中详细讲过。

5．main模块

最后将以上各个模块组合起来，首先建立 Spark Streaming 和 Kafka 的连接，然后将监控游戏库及 KafkaSink 对象广播到各个节点上，每个节点对接收到的数据进行过滤分词，

最后将过滤分析后的数据输出到 Kafka 中,并且定期更新广播变量。核心代码如下:

```scala
object MonitorAlarmStatistic {
  @transient lazy val log = LogManager.getRootLogger
  def createContext = {
    // Spark 配置项
    val sparkConf = new SparkConf().setAppName("MonitorAlarm").setMaster(Conf.master)
      .set("spark.default.parallelism", Conf.parallelNum)
      .set("spark.streaming.concurrentJobs", Conf.concurrentJobs)
      .set("spark.executor.memory", Conf.executorMem)
      .set("spark.cores.max", Conf.coresMax)
      .set("spark.local.dir", Conf.localDir)
      .set("spark.streaming.kafka.maxRatePerPartition", Conf.perMaxRate)
    // 创建流式上下文
    val ssc = new StreamingContext(sparkConf, Seconds(Conf.interval))

    // Kafka 配置参数
    val kafkaParams = Map[String, Object](
      "bootstrap.servers" -> Conf.brokers,
      "key.deserializer" -> classOf[StringDeserializer],
      "value.deserializer" -> classOf[StringDeserializer],
      "group.id" -> Conf.group,
      "auto.offset.reset" -> "latest",
      "enable.auto.commit" -> (false: java.lang.Boolean))
    // 创建 Kafka 的 DStream
    val kafkaDirectStream = KafkaUtils.createDirectStream[String, String](
      ssc,
      PreferConsistent,
      Subscribe[String, String](Conf.topics, kafkaParams))
    log.warn(s"Initial Done>>>topic:${Conf.topics}  group:${Conf.group} brokers:${Conf.brokers}")

    // 广播监控游戏库
    val MonitorGame = BroadcastWrapper[(Long, Map[Int, MonitorGame])](ssc,
      (System.currentTimeMillis, MysqlService.getGames))
    // 广播 KafkaSink
    val kafkaProducer: Broadcast[KafkaSink[String, String]] = {
      val kafkaProducerConfig = {
        val p = new Properties()
        p.setProperty("bootstrap.servers", Conf.brokers)
        p.setProperty("key.serializer", classOf[StringSerializer].getName)
        p.setProperty("value.serializer", classOf[StringSerializer].getName)
        p
      }
      log.warn("kafka producer init done!")
      ssc.sparkContext.broadcast(KafkaSink[String, String](kafkaProducerConfig))
    }

    //经过分词得到新的 stream
    val segmentedStream = kafkaDirectStream.map(_.value).transform(rdd => {
      //定期更新监控游戏库
      if (System.currentTimeMillis - MonitorGame.value._1 > Conf.
```

```
    updateFreq) {
      MonitorGame.update((System.currentTimeMillis, MysqlService.
      getGames), true)
      log.warn("[BroadcastWrapper] MonitorGame updated")
    }
    rdd.flatMap(json => SegmentService.mapSegment(json, MonitorGame.
    value._2))
  })

  //输出到 Kafka 中
  segmentedStream.foreachRDD(rdd => {
    if (!rdd.isEmpty) {
      rdd.foreach(record => {
        kafkaProducer.value.send(Conf.outTopics, record._1.toString,
        record._2)
        log.warn(s"[kafkaOutput] output to ${Conf.outTopics} gameId:
        ${record._1}")
      })
    }
  })
  ssc
}

def main(args: Array[String]) {
  // 因为有广播变量无法使用 Checkpointing
  val ssc = createContext
  // 开始计算
  ssc.start()
  ssc.awaitTermination()
}
```

代码中，广播监控游戏库时，将广播时的时间戳也一并广播出去，在每个节点运行时，会检查该时间戳与当前时间戳之差是否已到达设置的更新点，如果到达则更新该广播变量（这里可能存在多个节点重复广播的问题，但是折中下来，该方案能够保证在不停机和重启应用的情况下，热更新监控游戏库）。另外，在向 Kafka 中输出数据时，使用了前面多次提到的 foreachRDD 模式。

10.2.3 归纳统计子项目

本节的子项目主要负责从 Kafka 中拉取已经由 Spark Streaming 经过初步筛选、分析过的数据，并进行归纳汇总，然后对需要报警的项目进行及时报警。这里需要解释一下该项目使用 Java，并且单独抽出来的设计原因。

首先流式处理是一种无状态的数据流，也就是说我们可以很方面地对接收到的每条记录进行分析再输出，但是如果需要累积一些值，那么就是一个有状态的流，这点在第 9.1 节中也进行了详细阐述。

但是对于报警需求，往往其统计需求会比较繁杂，并且可能需要分不同时间窗口、不同维度进行统计,那么这种需求再强行依赖 Spark Streaming 去设计反而会增加开发和维护的成本,加大开发的难度,因此不如让 Spark Streaming 并行进行一些容易的流式分析和过滤任务,之后再用一个归纳汇总程序来完成归纳统计的任务。

另外一个使用 Java 的原因主要是,对于像外部报警这类接口,Java 支持的丰富度会比较高,所以在实际生产环境中,最后这块可以采用 Java 开发。

同样地,我们先来看该子项目需要用到的依赖项,主要是一些提高代码开发效率的公共库,用于解析 JSON 的 Gson 库和数据库,以及 Kafka 的依赖库等。代码如下:

```xml
<dependencies>
 <!-- common use jar -->
 <dependency>
  <groupId>junit</groupId>
  <artifactId>junit</artifactId>
  <version>3.8.1</version>
  <scope>test</scope>
 </dependency>
 <dependency> <!--I/O 操作依赖包-->
  <groupId>commons-io</groupId>
  <artifactId>commons-io</artifactId>
  <version>2.4</version>
 </dependency>
 <dependency><!--字符串操作依赖包-->
  <groupId>org.apache.commons</groupId>
  <artifactId>commons-lang3</artifactId>
  <version>3.4</version>
 </dependency>
 <dependency> <!--集合操作依赖包-->
  <groupId>org.apache.commons</groupId>
  <artifactId>commons-collections4</artifactId>
  <version>4.1</version>
 </dependency>
 <dependency><!--数据库操作依赖包-->
  <groupId>commons-dbutils</groupId>
  <artifactId>commons-dbutils</artifactId>
  <version>1.6</version>
 </dependency>
 <!--Log 日志依赖包 -->
 <dependency>
  <groupId>log4j</groupId>
  <artifactId>log4j</artifactId>
  <version>1.2.17</version>
 </dependency>
 <dependency><!--日志依赖接口-->
  <groupId>org.slf4j</groupId>
  <artifactId>slf4j-log4j12</artifactId>
  <version>1.7.12</version>
 </dependency>
 <!--JSON 依赖包 -->
 <dependency>
  <groupId>com.google.code.gson</groupId>
  <artifactId>gson</artifactId>
```

```xml
    <version>2.7</version>
</dependency>
<!--MySQL 依赖包 -->
<dependency>
    <groupId>mysql</groupId>
    <artifactId>mysql-connector-java</artifactId>
    <version>5.1.31</version>
</dependency>
<!--连接池依赖包-->
<dependency>
    <groupId>c3p0</groupId>
    <artifactId>c3p0</artifactId>
    <version>0.9.1.2</version>
</dependency>
<!--Kafka 依赖包 -->
<dependency>
    <groupId>org.apache.kafka</groupId>
    <artifactId>kafka-clients</artifactId>
    <version>0.10.0.0</version>
</dependency>
</dependencies>
```

我们将整个代码根据功能切分成多个模块，与之前的子项目类似，包含 dao、entity、service 和 util 模块，下面逐一介绍。

1．util模块

同样地，我们在 util 模块中放入一些公共的处理类，其中，CommonUtils 中放置了一些公共的函数，如查看文件是否改变、打印异常信息等；ConfigUtils 从 resources 文件夹中读取 config.properties 配置文件，以 Key 关键值的形式供其他程序调用。

KafkaUtils 处理对 Kafka 的各种操作，通过直接调用 org.apache.kafka 中的 API 接口，对 Kafka 建立连接，拉取数据；MysqlUtils 除了建立 MySQL 连接之外，我们用了能简化数据库操作的库 org.apache.commons.dbutils，可以将 Java Bean 数据对象直接映射到数据库的表格记录中，数据库操作函数类似如下代码：

```java
// 将对象插入到指定数据表中
public static void insert(String table, Object o) {
    try {
        QueryRunner runner = new QueryRunner();
        String sql = String.format("insert into %s (%s) values(%s);", table,
            StringUtils.join(getFiledName(o), ","),
            StringUtils.join(getFiledValues(o), ","));
        runner.update(getConnection(), sql);
    } catch (Exception e) {
        log.error(ExceptionUtils.getStackTrace(e));
    } finally {
        destroy();
    }
}
// 根据SQL搜索语句返回对应对象的数据记录
public static <T> List<T> queryByBeanListHandler(String sql, Class<T>
```

```
beanType) {
 List<T> rs = null;
 try {
  QueryRunner runner = new QueryRunner();
  rs = runner.query(getConnection(), sql, new BeanListHandler<T>(bean
  Type));
 } catch (Exception e) {
  log.error(ExceptionUtils.getStackTrace(e));
 } finally {
  destroy();
 }
 return rs;
}
```

insert()函数可以直接将传入的对象插入到指定的数据表格中，不过有一个要求是 Java 类当中的属性名、类型必须和数据表格中的字段名、类型对应；queryByBeanListHandler()函数根据传入的查询 SQL 语句，将查询结果映射回 Java 的 Bean 对象，多个记录对应多个对象。这里主要通过 Java 的反射机制实现，感兴趣的读者可进一步研究。当然，在 MysqlUtils 中还写了其他函数，这里就不一一列出了，读者可直接查看源代码。

在 TimeUtils 类中我们构建了一些对时间处理的函数，如获取时间戳当天的 0 点时刻，当前时间戳的秒级表示等。另外一个比较重要的是 TrashFilterUtils 类，主要用于后面过滤爬虫程序爬取到的评论中的垃圾信息，如无意义的重复话语、辱骂、色情等话语，以及广告信息等。基本逻辑是先判断评论中是否包含中文，如果不包含直接认为是垃圾信息；如果包含中文，对其过滤 HTML 等无意义标签，最后根据设定的正则表达式来判别是否是垃圾信息。一些核心逻辑代码如下：

```
public static boolean isTrash(String text) {
 // 1. 必须包含中文
 if (!isChinese(text)) {
  return true;
 }
 // 2. 在过滤掉 HTML 标签后，必须有充足的长度
 String filterText = filterHtml(text);

 if (filterText.length() >= TOO_LOGN_TEXT_LEN) {
  return true;
 }
 // 3. Pattern 垃圾模式
 for (Pattern pattern : storePatternList) {
  if (pattern.matcher(filterText).find()) {
   return true;
  }
 }
 for (Pattern pattern : forumPatternList) {
  if (pattern.matcher(filterText).find()) {
   return true;
  }
 }
 return false;
}
```

其中的每个细节函数由于篇章所限，这里不一一列出，读者可以查看源代码，它们都是比较简单的函数，主要是利用 Java 中的正则表达式来实现的。

2. dao模块

归纳统计子项目主要是根据监控游戏库及报警规则库，对接收到的数据归纳整理后，对达到报警阈值的规则进行报警。所以我们需要从数据库中提取监控游戏库和报警规则库，这里主要用到 MysqlUtils 中的函数，直接将数据表格中的数据映射成为 entity 模块中的对象。

3. entity模块

entity 模块主要包含 Record，对应从 Kafka 中接收到的数据记录，MonitorGames 对应一个数据库中的表格 monitor_games，Rule 对应数据库中的表格 Rules。另外，Alarm 对应我们最终的报警项目，之后外部系统可以查看 alarm 数据表格中的记录，进行及时通知。

4. service模块

在归纳统计的子项目中，我们以层的概念分属不同的统计归纳逻辑，将其分为三层，自下而上分别是：FilterLayer 层，主要对接收的数据进行必要的过滤和预处理等；CountLayer 层，主要根据时间窗口及其他业务需求进行不同维度的统计；AlarmLayer 层，根据统计层的情况，结合报警规则，对达到阈值的规则进行报警，存入数据表格 Alarms 中并发出邮件报警通知等。

笔者对其中的一些层级做了简化，读者在真实的业务场景中根据具体需求添加即可。下面我们就每一层级的一些核心逻辑进行列举。

对于 FilterLayer 层，主要依赖于 TranshFilterUtils 中的逻辑，进行垃圾判断和过滤，并且可以加入一些其他预处理逻辑，核心逻辑代码如下：

```
public boolean filter(Record record) {
 // 是否为垃圾
 if (isTrash(record)) {
  log.warn("[filterTrash] " + record);
  try {
  // 垃圾写入文件，方便复查
   FileUtils.writeStringToFile(
    new File("filter/" + "trashFilter" + DateFormatUtils.format(new
    Date(), "yyyy-MM-dd")),
    record.toString(), true);
  } catch (IOException e) {
   log.error("[filterTrashWrite] error!", e);
  }
  return true;
 }
 return false;
}
```

对于 CountLayer 层，笔者也做了简化，在真实业务场景中会非常复杂，读者可根据不同的时间窗口设计不同的窗口统计逻辑，比如按小时、天或月进行不同维度的统计等，这里简化了时间的维度，仅对词频进行累加。核心逻辑代码如下：

```java
public void addRecord(Record record) {
 int gameId = record.gameId;
 if (!gameRuleWordCount.containsKey(gameId)) {
  log.error("GameRuleWordCount don't contain gameId: " + gameId);
  return;
 }
 for (Entry<Integer, Map<String, Integer>> ruleWord : gameRuleWordCount.
 get(gameId).entrySet()) {
  int ruleId = ruleWord.getKey();
  for (Entry<String, Integer> wordCount : ruleWord.getValue().entrySet()) {
   String word = wordCount.getKey();
   if (isContain(record, word)) {
    gameRuleWordCount.get(gameId).get(ruleId).put(word, wordCount.
    getValue() + 1);
   }
  }
 }
}
public void reload() {
 List<Rule> countRules = RulesDao.getGameRules();
 // 创建新的统计结构，保留原先的统计，增加新的统计词
 Map<Integer, Map<Integer, Map<String, Integer>>> newGameRuleWordCount =
 new HashMap<Integer, Map<Integer, Map<String, Integer>>>();
 idRule = new HashMap<Integer, Rule>();
 for (Rule rule : countRules) {
  idRule.put(rule.rule_id, rule);
  if (!newGameRuleWordCount.containsKey(rule.game_id))
   newGameRuleWordCount.put(rule.game_id, new HashMap<Integer, Map<String,
   Integer>>());
  if (!newGameRuleWordCount.get(rule.game_id).containsKey(rule.rule_id))
   newGameRuleWordCount.get(rule.game_id).put(rule.rule_id, new HashMap
   <String, Integer>());
  for (String word : rule.words.split(" ")) {
   if (gameRuleWordCount != null && gameRuleWordCount.containsKey(rule.
   game_id)
    && gameRuleWordCount.get(rule.game_id).containsKey(rule.rule_id)
    && gameRuleWordCount.get(rule.game_id).get(rule.rule_id).contains
    Key(word))
    newGameRuleWordCount.get(rule.game_id).get(rule.rule_id).put(word,
     gameRuleWordCount.get(rule.game_id).get(rule.rule_id).get(word));
   else
    newGameRuleWordCount.get(rule.game_id).get(rule.rule_id).put(word, 0);
  }
 }
 // 更新指针
 this.gameRuleWordCount = newGameRuleWordCount;
 log.warn("gameRuleWordCount reload done: " + gameRuleWordCount.size());
}

// 判断评论中是否含有该词，n元祖拼接匹配
```

```
private boolean isContain(Record record, String word) {
 String[] segWords = record.reviewSeg.split("\t");
 for (int i = 0; i < segWords.length; i++) {
  for (int j = i; j < i + ConfigUtils.getIntValue("ngram") + 1 && j <=
  segWords.length; j++) {
   String mkWord = StringUtils.join(Arrays.copyOfRange(segWords, i, j), "");
   if (word.equals(mkWord))
    return true;
  }
 }
 return false;
}
```

其中，addRecord()函数将 Kafka 中收取的记录添加到数据统计结构中；reload()函数会定时更新监控游戏库及规则库，主要目的是为了在不停程序的情况下热更新；isContain()是一个私有函数，这里单独列出来主要是为了引起读者注意，由于分词针对不同的场景，以及专有名词等原因，会出现划分错误的情况，为了减少遗漏，在匹配词的时候可以加一个 ngram（将多个词拼起来作为一个词）进行判断。

对于 Alarm Layer 层，我们主要做的是遍历规则库中的每条规则，对统计层中达到要求的规则进行报警，并输出到 Alarms 数据表格中。在真实场景中还可以在这里添加邮件输出的接口，通知对应的接口人。核心逻辑代码如下：

```
public void alarm() {
 // 遍历报警规则
 for (Entry<Integer, Map<Integer, Map<String, Integer>>> grwc : countLayer.
 gameRuleWordCount.entrySet()) {
  int gameId = grwc.getKey();
  for (Entry<Integer, Map<String, Integer>> rwc : grwc.getValue().
  entrySet()) {
   int ruleId = rwc.getKey();
   Rule rule = countLayer.idRule.get(ruleId);
   // 报警算法
   double sum = 0, count = 0;
   for (Entry<String, Integer> wc : rwc.getValue().entrySet()) {
    sum += wc.getValue();
    count += 1;
   }
   if (rule.type == 0)
    sum /= count;
   if (sum >= rule.threshold) {
    // 超过词频限制，进行报警
    Alarm alarm = new Alarm();
    alarm.game_id = gameId;
    alarm.game_name = rule.game_name;
    alarm.rule_id = ruleId;
    alarm.rule_name = rule.rule_name;
    alarm.has_sent = 0;
    alarm.is_problem = -1;
    alarm.words = rule.words;
    alarm.words_freq = map2Str(rwc.getValue());
    MysqlUtils.insert("alarms", alarm);
    log.warn(alarm.toString());
```

```
        // 更新词频统计数据到 0
        for (String w : rwc.getValue().keySet()) {
         rwc.getValue().put(w, 0);
        }
       }
      }
     }
    }
```

对于达到要求的规则，填充 Alarm 对象，直接利用 MysqlUtils 的 insert()函数，将其映射到 MySQL 的数据表格中。

5. main逻辑

将上述模块整合起来，通过一个 while true 循环，反复从 Kafka 中拉取数据记录，进行过滤、统计和报警，对报过警的规则，记得在统计层进行清零，核心逻辑如下：

```
public void run() {
 // Kafka 接收数据层
 KafkaUtils kafkaUtils = KafkaUtils.getInstance();
 if (!kafkaUtils.initialize()) {
  log.error("kafka init error! exit!");
  System.exit(-1);
 }
 KafkaConsumer<String, String> consumer = kafkaUtils.getConsumer();
 long count = 0;
 // 消费者任务
 while (true) {
  try {
   // 统计
   ConsumerRecords<String, String> records = consumer.poll(200);
   for (ConsumerRecord<String, String> record : records) {
    if (count++ % 100000 == 0) {
     log.warn("[CurDataCount] count: " + count);
    }
   // 解析 JSON 数据
    Record r = gson.fromJson(record.value(), Record.class);
    // 过滤层过滤数据
    if (filterLayer.filter(r))
     continue;
    countLayer.addRecord(r);
   }
   // 报警
   alarmLayer.alarm();
   if (kafkaLogTimes++ % 10 == 0) {
    kafkaUtils.tryCommit(records, true);
   } else {
    kafkaUtils.tryCommit(records, false);
   }
   // 重新加载报警规则、监控游戏
   if (nextReloadTime <= TimeUtils.currentTimeSeconds()) {
    long updateTime = MysqlUtils.getUpdateTime("rules");
    long gamesUpdateTime = MysqlUtils.getUpdateTime("monitor_games");
```

```
      if (updateTime != lastUpdateTime || gamesUpdateTime != lastGames
    UpdateTime) {
       log.warn("rules or games changed!");
       countLayer.reload();
       lastUpdateTime = updateTime;
       lastGamesUpdateTime = gamesUpdateTime;
      }
      // 垃圾过滤规则直接重载
      if (CommonUtils.isFileChange("patterns_appstore.txt", "patterns_
    forum.txt")) {
       TrashFilterUtils.reload();
      }
      while (nextReloadTime <= TimeUtils.currentTimeSeconds())
       nextReloadTime += ConfigUtils.getIntValue("reload_interval");
     }
    } catch (Exception e) {
     log.error("main error:" + CommonUtils.getStackTrace(e));
    }
   }
  }
```

这段逻辑代码中根据时间戳和设定的重载间隔，重新加载监控游戏库和规则库。在从 Kafka 中拉取数据时，一次拉取 200 条数据，这个根据实际项目处理速度可以进行调整。

另外值得注意的是，该子项目中我们依赖了配置文件 config.properties，来配置项目的一些配置项；通过 patterns_appstore.txt 和 patterns_forum.txt，配置垃圾过滤中的正则表达式规则；以及 log4j.properties 配置日志信息。这些文件，读者可在源代码中自行查看。

10.2.4 数据表情况

在前面对每个模块介绍时都提到了相关的数据表，本节进行汇总介绍本章实例涉及的数据表包括表 10.1 所示的 4 个数据表。

表 10.1 监控报警数据库表格

表 格 名	注 释
games	爬虫爬取的游戏库
monitor_games	监控游戏库
rules	规则库
alarms	报警条目

在 games 中添加了 10 款游戏，用来从 TapTap 上爬取内容，其中 gameId 对应 TapTap 上展示的游戏 ID；而 monitor_games 中我们只选取了两款游戏作为监控内容。

另一方面，我们针对这两款游戏分别设置了几条报警规则，我们可以设置规则名称、规则对应的游戏 ID、游戏名称、词频阈值、监控词、词频统计方式，以及是否生效的状态值，如下面这条规则（其中#为字段间分隔符）：

更新问题#2301#王者荣耀#2#更新出错 无法登录#1#0。

表示针对王者荣耀出现的更新问题进行监控，如果用户在评论中发表了更新出错、无法登录等字眼，我们便进行统计，如果两词出现次数之和超过 2（根据实际场景做出调整），便进行报警。

10.3 环境配置与查看

在完成上述所有代码的开发后，我们将整个系统运行起来，首先是将 ZooKeeper、Kafka、MySQL 及 Spark 启动起来，这些在第 8 章和第 9 章中都已经详细讲过，本节不再赘述。下面我们逐个启动各个子项目，并观察整体运行结果。

10.3.1 启动各个模块

读者将源代码下载好后，会看到三个文件夹，分别是 monitorAlarmCrawler、monitorAlarmStatistic 和 monitorAlarmCount，在每个文件中笔者都写了 run.sh 的 shell 脚本。与之前的案例类似，读者依然需要利用 mvn clean install 命令对每个目录下的源代码进行编译，编译完成后会产生 target 文件夹，里面包含了编译好的 jar 包，接下来按照如下顺序启动整个监控报警系统。

（1）在 monitorAlarmStatistic 中执行 ./run.sh。
（2）在 monitorAlarmCount 中执行 ./run.sh。
（3）以上两个子项目运行成功后，读者可以在 monitorAlarmCrawler 中找到 craw_reviews.sh 脚本，在该脚本中可以设置爬取网站的页数、输出 Kafka 的 topic 以及 broker 的地址。

注意，读者应根据自己的环境 Spark 和 Kafka 的不同配置，调整子项目中配置的地址接口等。

10.3.2 查看结果

首先运行 monitorAlarmStatistic 子项目后，可以看到如下日志信息：

```
18/12/11 20:57:37 WARN KafkaUtils: overriding enable.auto.commit to false for executor
18/12/11 20:57:37 WARN KafkaUtils: overriding auto.offset.reset to none for executor
18/12/11 20:57:37 WARN KafkaUtils: overriding executor group.id to spark-executor-MASGroup
18/12/11 20:57:37 WARN KafkaUtils: overriding receive.buffer.bytes to 65536 see KAFKA-3135
18/12/11 20:57:37 WARN root: Initial Done>>>topic:List(monitorAlarm)
```

```
group:MASGroup brokers:localhost:9091,localhost:9092
18/12/11 20:57:38 WARN MysqlService$: [loadSuccess] load entities from db
count: 2 time elapsed: 828
18/12/11 20:57:38 WARN root: kafka producer init done!
```

表示 Spark Streaming 端的统计程序已经就绪，正在等待 Kafka 中的数据。然后启动 monitorAlarmCount，启动成功后，可以看到如下日志信息：

```
2018-12-11 21:01:45 INFO  AppInfoParser:83 - Kafka version : 0.10.0.0
2018-12-11 21:01:45 INFO  AppInfoParser:84 - Kafka commitId : b8642491
e78c5a13
2018-12-11 21:01:45 INFO  KafkaUtils:70 - topic has partition:0
2018-12-11 21:01:45 INFO  KafkaUtils:78 - Initial partition positions:
2018-12-11 21:01:45 INFO  AbstractCoordinator:505 - Discovered coordinator
localhost:9092 (id: 2147483646 rack: null) for group monitorAlarmCount.
2018-12-11 21:01:45 INFO  KafkaUtils:118 - partition 0 position: 1239
```

分析过滤和归纳统计子项目启动成功后，需要通过爬虫向 Kafka 中灌入用户评论数据，进入 monitorAlarmCrawler 目录，运行脚本./craw_reviews.sh，会从 TapTap 上爬取游戏的评论内容。运行后会出现如下日志信息：

```
2018-12-11 21:21:32 WARN  Crawler$:30 - [loadSuccess] load entities from
db count: 10 time elapsed: 314
Map(58881 -> 香肠派对, 83188 -> 方舟：生存进化, 74838 -> 贪婪洞窟2, 49995 ->
第五人格, 2301 -> 王者荣耀, 59520 -> 明日之后, 70056 -> 绝地求生：刺激战场, 2318
-> 穿越火线-枪战王者, 57312 -> 魂武者, 43639 -> 我的世界)
https://www.taptap.com/app/58881/review?order=default&page=1#review-list
2018-12-11 21:21:34 INFO  Crawler$:60 - 香肠派对 craw data size: 406
https://www.taptap.com/app/83188/review?order=default&page=1#review-list
2018-12-11 21:21:35 INFO  Crawler$:60 - 方舟：生存进化 craw data size: 355....
sent per second: 244
2018-12-11 21:21:46 INFO  KafkaProducer:685 - Closing the Kafka producer
with timeoutMillis = 9223372036854775807 ms.
```

类似前面的例子，我们进入 Spark 的 Work 目录下，找到应用程序，通过命令：$tail -f */stderr，可以看到过滤分析流式处理的日志信息，类似以下日志信息：

```
18/12/11 21:26:06 WARN root: [kafkaOutput] output to monitorAlarmOut gameId:
49995
18/12/11 21:26:06 WARN SegmentService$: [Segment Success] gameId: 49995
gameName: 第五人格    time elapsed: 0 MonitorGame count: 2
……
18/12/11 21:26:12 WARN root: [kafkaOutput] output to monitorAlarmOut gameId:
49995
18/12/11 21:26:12 WARN SegmentService$: [ignored] no need to monitor gameId:
74838
```

表示成功地分析了游戏评论数据，并对不在监控游戏库中的游戏进行了过滤。另外，在统计归纳程序日志中，可以看到许多垃圾过滤信息，以及成功报警的日志提醒。在如表 10.2 所示的 Alarms 数据记录中可以看到这次爬取用户评论所触发的报警项（省略部分读者可自行运行查看）。

表 10.2 Alarms数据记录

alarm_id	game_id	game_name	words	words_freq
1	2301	内容省略	内容省略	内容省略
rule_id	rule_name	has_sent	is_probelm	add_time
2	平衡性问题	0	-1	2018/12/11 9:40:06 PM

其中，我们将触发报警时每个关键词的词频也列在了表格中，方便回溯问题及展示。另外，has_sent 标记位用来指定是否使用邮件通知等操作，is_problem 是进行人工核对的标记位，方便我们统计报警的准确率。在 Spark UI 监控界面中，可以观察 Spark Streaming 应用的走势图，如图 10.5 所示。

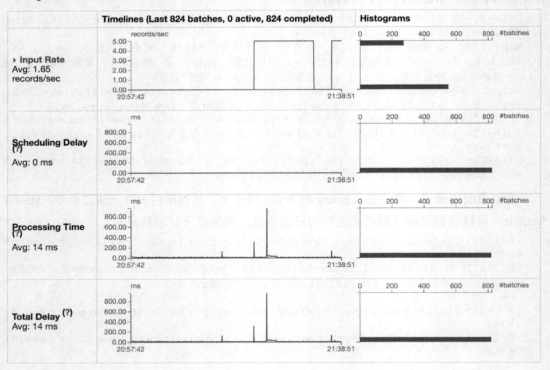

图 10.5 监控报警案例 Spark UI 图

注意，每次爬取来数据时，会引起 Spark Streaming 流式处理的一波巅峰，在实际场景中要控制好数据流巅峰波谷的处理能力，防止崩溃。

10.4 本章小结

- 本章我们围绕监控报警系统展开介绍,需注意不同于前面的案例,本章案例中将整个系统分为了多个子项目,利用 Kafka 数据总线,以数据流的形式打通整个系统。
- 注意 Spark Streaming 向 Kafka 输出数据的部分。
- 像本章案例这样设计监控报警系统的原因,是为了更好地利用各个子项目的特点,折中地规避一些缺点。
- 在本章案例中简化了数据,只关注了游戏评论内容,忽略了如发帖作者、发帖时间等信息,读者可以在本章案例的基础上动手扩展这两类信息,并将统计窗口扩展到时间窗口,总之希望读者能够多多动手实践。

附录 A Scala 语言基础

在本书的案例实践过程中，一直以 Scala 作为实践语言，而 Scala 也是 Spark 实现的原生代码。但是相比于 Python、Java 和 C++等语言，Scala 相对比较小众，因此在本书中增加了 Scala 语言快速入门的相关内容。为了使得读者能够快速上手，在讲解时会将 Scala 与其他几种常用的语言进行对比，以使不熟悉 Scala 语言的读者能够轻松学习本书内容。读者在开发过程中也可以去官网 https://docs.scala-lang.org/getting-started.html# 查看详细的 API 文档。

Scala 是一门多范式（multi-paradigm）的编程语言，设计初衷是要集成面向对象编程和函数式编程的各种特性。其运行在 Java 虚拟机上，并兼容现有的 Java 程序。Scala 在编译时与 Java 一致，都会编译成 JVM 字节码，运行在 Java 虚拟机上，所以 Java 的类库在 Scala 中是通用的。

A.1 安装及环境配置

Scala 适用于所有主流操作系统，如 Windows、Linux、UNIX、Mac OS X 等。另外，由于 Scala 是基于 Java 语言的，所以在安装 Scala 前，必须首先安装 Java。由于篇幅所限，这里主要介绍 Linux 系统的 Scala 安装方法，使用 Windows 系统的读者可以在官网查阅相关资料。

A.1.1 安装 Scala

在 Scala 官方下载页面 https://www.scala-lang.org/download/，读者根据自己的系统和所需要的版本下载 Scala，下载结束后执行以下命令：

```
$ tar -zxvf scala-2.12.6.tgz
```

在.bashrc 或者.bash_profile 中添加：

```
export PATH="$PATH:<you_path>/scala-2.12.6/bin"
$ source .bashrc
```

之后在命令行输入 scala，可以看到如下界面：

```
$ scala
```

```
Welcome to Scala 2.12.6 (Java HotSpot(TM) 64-Bit Server VM, Java 1.8.0_40).
Type in expressions for evaluation. Or try :help.

scala>
```

与 Python 类似，Scala 也提供了一个直接输入的交互界面，可以尝试打印 hello world：

```
scala> println("hello spark streaming")
hello spark streaming
```

表示成功安装了 Scala。注意，Scala 不同于 Python，Python 是解释型语言，而 Scala 在运行前会编译成字节码，再由 JVM 运行。

A.1.2　开发环境配置

前面介绍了如何像 Java 和 Python 一样配置 Scala 的命令行，以及在 Linux 系统中如何安装 Scala。本节主要讲解 IDE 开发环境的配置，因为 IDE 比较统一，这里主要以 Linux 开发环境为主来讲解，Windows 系统的读者可以参考其安装方法。

IDE 建议大家使用 Intellij 或者 Scala Eclipse，都是集成不错且比较经典的开发 IDE，大家在平时遇到 Bug，单步调试和集成测试时都会很方便。关于 Scala Eclipse 的配置使用，在 2.3.3 节中已经详细介绍过，这里不再赘述。

IntelliJ 的安装，可进入其官网 https://www.jetbrains.com/idea/download/#section=mac 下载适合自己版本的安装文件，之后根据提示一步步安装即可。其中，Ultimate 是完整版本，读者可根据需要购买或者使用校园邮箱注册。

在 IntelliJ 中新建一个项目，选择 Scala 选项，在右边选择 IDEA 选项（选择要正确），如图 A.1 所示。

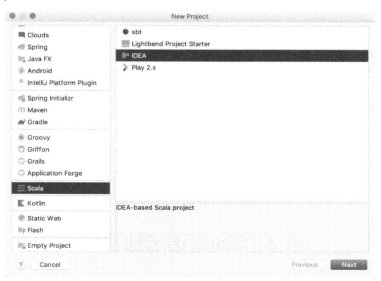

图 A.1　IntelliJ 新建 Scala 项目

项目名输入 HelloScala，单击 Next 按钮之后，如果是第一次创建 Scala 项目，则需要安装 ScalaSDK，在 ScalaSDK 框附近单击 Create 按钮，选择最高版本，单击 Download 按钮下载安装即可。

在完成项目创建后，在 src 目录下新建 main/scala（默认 IntelliJ 会将该目录标记为 Source Root，如果没有，则可以右击 Scala 目录，在弹出的快捷菜单中选择 Mark Directory as→Source Root 命令）。在 Scala 目录下选择创建 Package，并在该 Package 下新建一个 Object，编译并运行，最后可以看到如图 A.2 所示的界面。

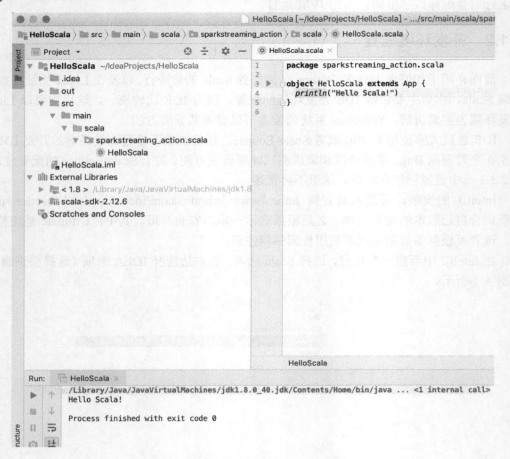

图 A.2　IntelliJ 运行 Hello Scala 效果

A.2　Scala 语法独特性

如果读者熟悉 Java、C++或者 Python 等面向对象编程语言，那么学习 Scala 语言会非常快。Scala 可谓多种语言特性的集大成者，其本身包含面向对象编程语言的所有特性，同时还能够方便地进行函数式编程，还可以像脚本语言一样非常方便地运行调试。本节主要围绕 Scala 相比其他语言的独特之处来讲解，由于篇幅所限，一些具体的语言细节读者可在官方文档中查阅。

A.2.1 换行符

Scala 是面向行的语言，语句可以用分号（；）结束或换行符。Scala 程序里，语句末尾的分号通常是可选的。如果你愿意可以输入一个；但若一行里仅有一个语句时也可不写。另一方面，如果一行里需要写多个语句，那么是需要写分号的。例如：

```
val s = "Spark Streaming 实战"; println(s)
```

A.2.2 统一类型

关于数据类型 Scala 与 Java 最大的区别是，Scala 没有所谓的基本数据类型（int, float, double 等），其秉承了一切皆对象的彻底性，所有数据类型都是以对象形式存在，包括函数也是一种对象。Scala 中的类型层次结构如图 A.3 所示。

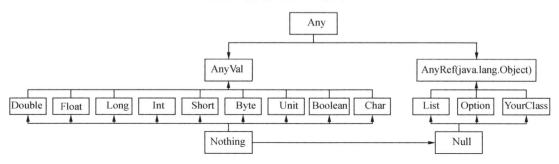

图 A.3　Scala 类型层次图

从图 A.3 中可以看出，Any 是所有类型的超类型，也称为顶级类型。它定义了一些通用的方法如 equals、hashCode 和 toString。Any 有两个直接子类：AnyVal 和 AnyRef。

AnyVal 代表值类型。其有 9 个预定义的非空的值类型，分别是 Double、Float、Long、Int、Short、Byte、Char、Unit 和 Boolean。Unit 是不带任何意义的类型，在函数返回时，我们可以以 Unit 作为返回类型。

AnyRef 代表引用类型。所有非值类型都被定义为引用类型。用户声明的自定义类型都属于 AnyRef 引用类型的子类型。另外，图 A.3 中还标出了 java.lang.Object，即在 Java 运行环境调用 Scala，AnyRef 会被当做 Object 基类。

Nothing 是所有类型的子类型，包括值类型和引用类型（从图 A.3 中可以看到 Nothing

也是 Null 的子类型），也称为底部类型。没有一个值是 Nothing 类型的。Nothing 类型通常用于程序非正常结束的信号，这点与 Java 中返回 Null，C++中用-1 作为返回符类似，可以将 Nothing 理解为不定义值的表达类型，在非正常返回时使用。

Null 是所有引用类型的子类型（即 AnyRef 的任意子类型）。它有一个单例值由关键字 Null 所定义。Null 主要是使得 Scala 满足和其他 JVM 语言的互操作性，但是 null 是非常容易引发程序崩溃的类型（真实开发环境中提出了很多编程最佳实践来规避这点），所以在 Scala 代码中采用了各种机制来避免使用 Null 类型，后面的内容中会介绍 null 的替代方案。

我们举一个具体的例子，将各种类型的数据，包括基本类型、函数、字符串等放在一个 List[Any]中，代码如下：

```
val list: List[Any] = List(
  "a string",
  732,                                                    //一个整型
  'c',                                                    //一个字符类型
  true,                                                   //一个布尔类型
  () => "an anonymous function returning a string"
)
list.foreach(element => println(element))
```

值得注意的是，Scala 在字符串上提供了一个非常有用的字面量，多行字符串用 3 个双引号来表示分隔符，格式为：""" ... """，这个特性有时候会非常有用，例如我们想输入比较复杂的多行字符串时：

```
val foo = """Spark Streaming 实战
https://github.com/xlturing/spark-streaming-action
http://www.cnblogs.com/xlturing/
可以找到本书代码和最新消息"""
```

A.2.3 Scala 变量

Scala 的变量声明和 Java 有很大区别，首先我们需要区分一些变量和常量，在程序运行过程中值可能会改变的量称为变量，相反，程序运行中值不会发生改变的量称为常量。在 Scala 中使用关键词 "var" 声明变量，使用关键词 "val" 声明常量，示例如下：

```
var myVar : String = "Spark Action"
var myVar : String = "Spark Streaming Action"
val myVal : String = "Spark Streaming Action"
```

即 var 声明的变量可以修改，但是 val 声明的常量修改时会编译出错。变量声明的方式如下：

```
var VariableName : DataType [= Initial Value]
或
val VariableName : DataType [= Initial Value]
```

这里在声明变量时都明确指明了变量的类型信息，但是 Scala 是有语法糖的，可以像

Python 一样省略变量类型，编译器会自动根据变量和常量的初始值，将数据类型推断出来，示例如下：

```
var myVar = 27;
val myVal = "Hello, Scala!";
val xmax, ymax = 1027                         // xmax, ymax 都声明为 1027
```

myVar 会被推断为 Int 类型，myVal 会被推断为 String 类型。当然，也可以在一行代码中同时声明多个变量。

A.2.4 条件和循环语句

Scala 中的条件和循环语句与大多数语言是类似的，但是与 Java 等语言明显不同的是，Scala 不支持 break 和 continue 语句，关于这点 Scala 相关开发人员给出的解释是：
- 多数情况下，continue 和 break 是不必要的，可以用小函数更好地解决。
- 在循环当中使用 continue 是非常容易理解的，但是在 Scala 的函数闭包（10.6 节）中是难以解释的。
- 如果巧妙地使用函数字面量代替 continue 和 break，可以使代码更加精简。
- 开发人员表示可以以纯库函数的形式提供对两者的支持。

从 Scala 2.8 版本之后，可以通过 scala.util.control.Breaks._ 库来使用 break 操作，如下面的例子：

```
import util.control.Breaks._
object BreakTests extends App {
  var sum = 0
  breakable {
    for (i <- 0 to 1000) {
      sum += i
      if (sum >= 1000) break
    }
  }
}
```

但是对于 continue，Scala 原生库还是没有提供支持，我们可以用下面的例子来实现 continue 的功能：

```
import util.control.Breaks._
object ContinueTests extends App {
  for (i <- 1 to 10) {
    breakable {
      if (i % 2 == 0) break
      println(i)
    }
  }
}
```

大家注意 breakable 放置的位置，一个在循环之外，另一个在循环内部，从而分别实现 break 和 continue 的功能。当然还有其他方式来代替 break 和 continue，读者可以根据自己实际情况来选取。

A.2.5 函数和方法

关于函数、方法和闭包，Scala 与 Java、C++等语言有较大区别。在 Scala 中，其更加秉承了万物皆对象的特点。也就是说，函数在 Scala 中也是一个对象，借用函数式编程的思想，函数也可以作为参数传递给另一个函数（在 Java 8 中也通过 lambda、stream 和闭包等方式更加友好地支持了函数式编程）。下面我们详细介绍。

函数和方法，乍一看应该是一回事。的确，在 Java 中二者并没有什么区别，不过在 Scala 中，Function 和 Method 分别被翻译成函数和方法，代表了不同的意思：Scala 方法指类中定义的方法，属于类的一部分；而函数通常代表一个对象，可以像值类型一样赋值给一个变量。

- Scala 中的方法跟 Java 类似，方法是组成类的一部分。
- Scala 中的函数则是一个完整的对象，本质就是继承了 Trait（10.2.6 节）的类的对象。
- Scala 中使用 val 语句可以定义函数，def 语句定义方法。
- 由于方法是一个对象，可作为一个参数传入方法中，而方法则不行。
- 可以在方法名称后面紧跟一个空格加下划线，将方法转换为函数，通常，编译器会自动完成这个操作。例如将一个方法传入接收函数参数的地方，则会自动转换。

关于 Scala 方法声明和定义的格式如下：

```
def functionName ([参数列表]) : [return type]          //声明
def functionName ([参数列表]) : [return type] = {      //定义
   function body
   return [expr]
}
```

如果我们不写等于号和方法主体，那么方法会被隐式声明为抽象（abstract），于是包含它的类型也是一个抽象类型。Scala 关于方法的定义跟 Java 不同，反而跟 Python 有几分相似。另外需要注意的是，如果方法没有返回值，可以返回 Unit，类似于 Java 的 void。

而函数与方法是可以相互转换的，我们举一个具体的实例如下：

```
class Test{
  def m(x: Int) = x + 3                    //方法
  val f = (x: Int) => x + 3                //函数
  val f1 = m _                             //方法转函数
}
```

另外值得注意的是，Scala 也是一种函数式编程语言，下面列举一些常见且实用的 Scala 函数特性（包括些使代码更加简洁的语法糖）。

1. 可变参数列表

可变参数列表是指在定义方法时，不需要制定函数参数的个数，而是在函数被调用时灵活传入，如同传入一个变长数组。

在 Java 中，可以在方法的参数之后加（…）来标识函数接受一个可变参数的列表。同样，在 Scala 中也有类似的功能，不过是通过在类型之后加星号（*）的方式，将其设置为可变参数。注意，只有函数的最后一个参数可以设置为可重复的可变参数列表。示例如下：

```
object Test {
  def main(args: Array[String]) {
      printStrings("Runoob", "Scala", "Python");
  }
  def printStrings( args:String* ) = {
     var i : Int = 0;
     for( arg <- args ){
       println("Arg value[" + i + "] = " + arg );
       i = i + 1;
     }
  }
}
```

2. 默认参数值

默认参数值即方法在定义时，对参数类型设置默认的值，这样在调用方法时，可以不传入或者传入部分参数的值。Java 是不支持默认参数值的，而 Scala 支持，这点与 Python 比较像。使用了默认参数，在调用函数的过程中可以不需要传递参数。示例如下：

```
object Test {
  def main(args: Array[String]) {
      println( "返回值 : " + addInt() );
  }
  def addInt( a:Int=5, b:Int=7 ) : Int = {
     var sum:Int = 0
     sum = a + b

     return sum
  }
}
```

3. 偏应用函数

偏应用函数是指可以将方法的某一个参数固定，然后重新声明为一个函数，即偏应用函数。这是 Scala 提供的一种语法糖，在规模调用某一个方法时，可以简化一部分操作，也方便对某一参数的统一修改，示例如下：

```
import java.util.Date

object Test {
  def main(args: Array[String]) {
     val date = new Date
```

```
        val logWithDateBound = log(date, _ : String)

        logWithDateBound("message1" )
        Thread.sleep(1000)
        logWithDateBound("message2" )
        Thread.sleep(1000)
        logWithDateBound("message3" )
    }

    def log(date: Date, message: String)  = {
      println(date + "----" + message)
    }
}
```

上面的例子就很好地体现了偏应用函数的用法，在调用日志输出方法时，对于第一个参数 Date 日期并不想每次调用时都重新传入值，而且对于某一段程序想要将日志设置为相同的日期，这时就可以重新将该方法定义为一个偏应用函数，将一个日期值作为该函数的第一个参数值，而另一个参数通过下划线_的方式表示缺失，将其新函数的索引值重新赋值给变量 logWithDateBound，后面调用时，只需传入日志内容即可。

4．指定函数参数名

在 Java 和 C++等语言中，调用函数时，只能按照函数定义时指定的顺序将参数传入；而 Python 等语言可以通过指定参数名，不按照定义时的顺序传入。Scala 也支持这种特性，在传入函数参数时，也可以通过指定函数参数名并且不需要按照顺序向函数传递参数，示例如下：

```
object Test {
  def main(args: Array[String]) {
      printInt(b=5, a=7);
  }
  def printInt( a:Int, b:Int ) = {
     println("Value of a : " + a );
println("Value of b : " + b );
}
}
```

5．高阶函数

高阶函数（Higher-Order Function）是指操作其他函数的函数。在 Scala 中，可以将函数作为参数来传递或者通过某些运算返回一个函数的引用，这种函数便是高阶的函数。在 Java 8 之后通过引入 Lambda 表达式，也支持这种特性。

以下示例中，apply()函数使用了另外一个函数 f()和值 v 作为参数，而函数 f()又调用了参数 v：

```
object Test {
  def main(args: Array[String]) {

     println( apply( layout, 10 ) )
```

```
    }
    // 函数 f 和 值 v 作为参数，而函数 f()又调用了参数 v
    def apply(f: Int => String, v: Int) = f(v)

    def layout[A](x: A) = "[" + x.toString() + "]"
}
```

6. 函数柯里化（Curring）

函数柯里化是函数式编程当中的一个概念，表示将原来接收两个参数的函数，变成新的接收一个参数的函数的过程。新的函数返回一个以原有第二个参数为参数的函数。Scala 支持函数柯里化，我们来举个例子，定义一个函数：

```
def add(x:Int,y:Int)=x+y
```

现在把这个函数变形：

```
def add(x:Int)(y:Int) = x + y
```

那么在应用的时候，应该是这样：add(1)(2)，最后的结果都是 3，这种方式（过程）就叫柯里化。

柯里化本质上是依次调用两个普通函数（非柯里化函数）的过程，如可以将上面 add(1)(2)拆解成以下过程：

```
def add(x:Int)=(y:Int)=>x+y
val result = add(1)
val sum = result(2)
```

在第 1 行代码中，定义了一个 add()函数，这个函数接收一个整型 x 为参数，返回一个匿名参数，该匿名函数的定义是：接收一个 Int 型参数 y，函数体为 x+y。现在我们对这个方法进行调用。第 2 行调用 add(1)时，因为 result()是一个匿名函数，再调用 result()，得到最终的结果 sum=3。

A.2.6 特质、单例和样例类

Scala 中的类体系及访问修饰符都与 Java 类似，这里不再赘述，读者可查阅相关文档。本节重点来介绍 Scala 面向对象体系中独特的特点。

1. 特质

特质（Traits）用于在类（Class）之间共享程序接口（Interface）和字段（Fields），是 Scala 独有的一种特性，类似于 Java 8 的接口。类和对象（Objects）可以扩展特质，但是特质不能被实例化，因此特质没有参数。示例如下：

```
trait Iterator[A] {
  def hasNext: Boolean
```

```
    def next(): A
}

class IntIterator(to: Int) extends Iterator[Int] {
  private var current = 0
  override def hasNext: Boolean = current < to
  override def next(): Int =  {
    if (hasNext) {
      val t = current
      current += 1
      t
    } else 0
  }
}

val iterator = new IntIterator(10)
iterator.next()  // returns 0
iterator.next()  // returns 1
```

类 IntIterator 将参数 to 作为上限。它扩展了 Iterator [Int]，这意味着方法 next()必须返回一个 Int。

当某个特质被用于组合类时，被称为混入。示例如下：

```
abstract class A {
  val message: String
}
class B extends A {
  val message = "I'm an instance of class B"
}
trait C extends A {
  def loudMessage = message.toUpperCase()
}
class D extends B with C

val d = new D
println(d.message)      // I'm an instance of class B
println(d.loudMessage)  // I'M AN INSTANCE OF CLASS B
```

类 D 有一个父类 B 和一个混入 C。一个类只能有一个父类但是可以有多个混入（分别使用关键字 extend 和 with）。混入和某个父类可能有相同的父类。

这里我们就明白了程序 Scalad 的 object 通过混入 App 特质是可以直接运行的，而不需要定义主函数入口，有点像 Python 脚本。

2. 单例对象object

在 Java 或者 C++开发中，我们经常会开发一个单例类，即这个类有一个私有内部成员是其自身，而它的构造函数是 private 的，外部调用该类时，只能通过 getInstance 的方法获得唯一的私有对象成语，即单例对象。Scala 将这个特质集成在了语言特性之中，就是 object，我们可以用 object 直接定义一个单例对象，示例如下：

```
package logging
object Logger {
  def info(message: String): Unit = println(s"INFO: $message")
}
```

我们不需要 new 一个 Logger 对象,而是直接 Logger.info 便可以调用,这一点区别于类的静态函数(static)。

另外,可以将类和 object 放在同一个文件中,形成伴生对象,如下例:

```
import scala.math._
case class Circle(radius: Double) {
  import Circle._
  def area: Double = calculateArea(radius)
}
object Circle {
  private def calculateArea(radius: Double): Double = Pi * pow(radius, 2.0)
}
val circle1 = new Circle(5.0)
circle1.area
```

Circle 类具有特定于每个实例的成员区域,而单例对象 Circle 具有可用于每个实例的方法 calculateArea。

3. 样例类case class

在 Java 中,有一种类只包含 get 和 set 方法,这在网站开发与数据库绑定的 DAO 设计模式中比较常见,而 Scala 将这种特殊的类内化在了语言特性中,即样例类。样例类在 Scala 中经常与模式匹配结合使用。举一个具体的例子如下:

```
case class Book(isbn: String)
val frankenstein = Book("978-0486282114")
```

请注意,这里我们并没有使用关键字 new 来实例化 Book 类。这是因为 case 类默认使用 apply 方法来处理对象构造。我们可以通过 copy 来复制其对象:

```
case class Message(sender: String, recipient: String, body: String)
val message4 = Message("litaoxiao@gmail.com", "sparkstreaming_action@qq.com", "read this book")
val message5 = message4.copy(sender = message4.recipient, recipient = "scala_action@qq.com")
message5.sender // sparkstreaming_action@qq.com
message5.recipient // scala_action@qq.com
message5.body // " read this book"
```

A.3　Scala 集合

集合是几乎所有面向对象都提供的库,Scala 对集合的支持与 Java 有相似之处,但也有自己独特的地方。在 Scala 2.8 中,采取了新的集合框架,使得集合类在通用性、一致性和功能的丰富性上更胜一筹,兼备了易于使用、简洁、安全、快速和通用的特点。我们可

以用下面这行代码,感受一下 Scala 集合的特色:

```
val (minors, adults) = people partition (_.age < 18)
```

利用类似谓语操作,整个过程非常清晰:通过他们的 age(年龄)把这个集合 people 拆分到 miors(未成年人)和 adults(成年人)中。由于这个拆分方法是被定义在根集合类型 TraversableLike 类中,这部分代码服务于任何类型的集合,包括数组。例子运行的结果就是 miors 和 adults 集合与 people 集合的类型相同。

所以本节我们就围绕 Scala 的整个集合框架来讲述其独特的魅力。首先站在整体的角度,介绍整个 Scala 集合框架是如何设计的,其次对常用的可变、不可变集合进行介绍。另外,笔者将数组、字符串和迭代器也放在了这一节,因为这三者在 Scala 中也一并归纳在了整个集合框架中。

A.3.1 集合框架

与 Java 不同的是,Scala 集合类系统地区分了可变的和不可变的集合。可变集合可以在适当的地方被更新或扩展,这意味着可以修改、添加、移除一个集合的元素。而不可变集合类,一旦定义时指定,便不可以再改变。

不过,不可变集合仍然包含了添加、删除和更新等操作,但是这些操作并不是对原集合操作,每一种情况下都返回一个新的集合,同时使原来的集合不发生改变。Scala 中的大部分集合类都独立地存在于 3 种变体中,即同一种集合类型如 Map,在 3 个包中都会有定义,分别位于 scala.collection、scala.collection.immutable 和 scala.collection.mutable 包中

- scala.collection.immutable 包中的集合类确保不被任何对象改变。即一个集合一旦被创建便不能再被改变,这样我们在使用时不需要担心操作会导致原集合变化所带来的副作用,这点在函数式编程中比较有用。
- scala.collection.mutable 包中的集合类中提供的方法是可以改变集合本身的,所以在使用这种集合时需要注意哪些操作改变了集合内容,会不会产生副作用。
- scala.collection 形式上是 mutable 和 immutable 的上层包,在包中也定义了一些集合类,该包中的集合类是作为 mutable 和 immutable 集合类的超类存在的,即根集合类,所以兼具了可变集合类和不可变集合类的特性,并且额外提供了一些辅助操作。

scala.collection 和 scala.collection.immutable 两个包的不可变集合类之间的主要区别是:不可变集合类中的容器(collection)保证我们在使用时一经定义,绝对不会修改集合本身;而根集合类中,虽然并不包含改变集合内容的静态方法,但也不能保证这一点。

另外需要注意的是,Scala 中默认使用的是不可变集合,如我们用 Set 定义了一个变量,那么默认 Scala 使用的是 immutable 包中的不可变 Set 类,而 Set 得到的迭代类同样也是不可变迭代类。所以 Scala 默认导入的是不可变集合包,如果想使用可变集合包,需要显式地声明:Set 需要写明 collection.mutable.Set 和 collection.mutable.Iterable。

对于 scala.collection 包中的集合类，通常是 immutable 和 mutable 中类的高级抽象类或特质（Trait），其继承结构如图 A.4 所示。

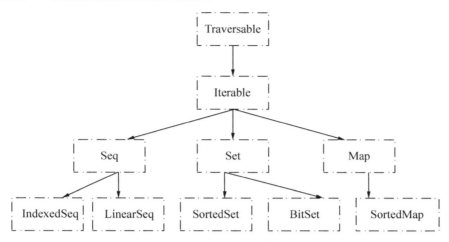

图 A.4　scala.collection 包中的集合类

对于 scala.collection.immutable 包中的所有集合类，即仅包含了不可变集合的特性，其继承结构如图 A.5 所示。

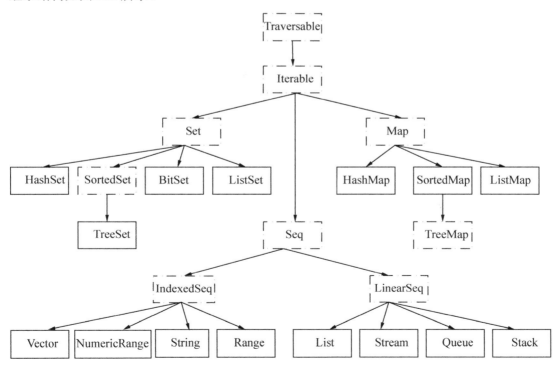

图 A.5　scala.collection.immutable 包中的集合类

对于 scala.collection.mutable 包中的所有集合类，即包含了可变集合的特性，在使用这些集合类时需要关注集合变化产生的副作用，其继承结构如图 A.6 所示。

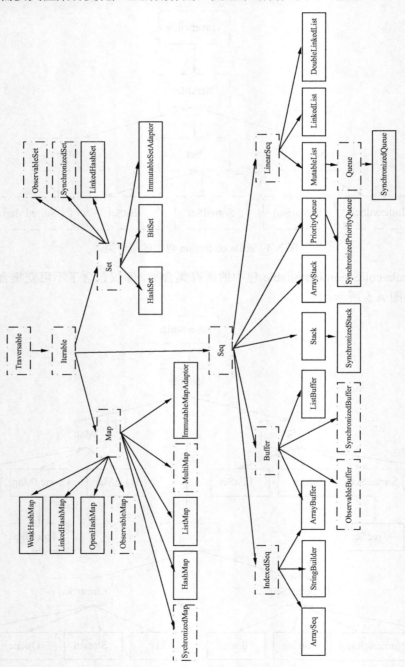

图 A.6 scala.collection.mutable 包中的所有集合类

图 A.4 至图 A.6 分别展示了 Scala 包 collection、immutable、mutable 这 3 个包中集合类的继承结构，注意图中虚线框代表特质（Trait 10.2.6），而实线框代表类（Class）。下面对一些常用集合类进行介绍，关于其他类，读者可在用到时在官网查阅详细的使用方式（https://docs.scala-lang.org/api/all.html）。

A.3.2 核心特质（Trait）

从图 A.4、图 A.5 和图 A.6 中可以看出 Scala 关于整个集合框架的设计思路，其中无论是可变集合还是不可变集合，都有 5 个核心的特质（Trait）贯穿其中。所有的具体集合类都是继承或者说混入了 Traversable、Iterable、Seq、Map 和 Set 这 5 种核心特质，下面我们简单介绍下这 5 个特质。

1. Traversable 特质

Traversable（遍历）特质是整个 Scala 集合框架中最高级别的特质，所有集合类都继承自 Traversable 特质，它唯一的抽象操作是 foreach：

```
def foreach[U](f: Elem => U)
```

Traversable 已经包含了大量方法，所以继承 Traversable 的类只需要定义自身需要的方法，其他方法可以继承自 Traversable 特质。关于 Traversable 中定义的具体方法我们不一一赘述，读者在用到时可以在官网查看详细的 API 说明（https://docs.scala-lang.org/zh-cn/overviews/collections/trait-traversable.html）。

而对于 Traversable 中的抽象操作 foreach，这是一个高阶函数，会接收一个函数 f()（接收容器中的元素类型，返回任意类型），其遍历容器（collection）中的所有元素时，会将容器中的所有元素逐个传入 f() 函数中执行，并产生相应的影响。

我们会发现 Traversable 很多函数以[集合] [函数] [元素]的形式来操作，其本质上也是一种函数调用形式。不过，Scala 这里以谓语的形式让我们来操作函数，使得函数代码看起来更加人性化、可解释性更强。

2. Iterable 特质

Iterable（迭代）特质是整个集合结构中次高级别的特质，Iterable 特质继承自 Traversable 特质，而其他集合类都会继承自 Iterable 特质。Iterable 特质里所有方法的定义都基于一个抽象方法迭代器（iterator），其作用是逐一地产生集合的所有元素，通常用于遍历集合。Iterable 特质利用迭代器对 Traversable 特质中的 foreach 抽象方法进行了具体实现，下面是具体的实现代码：

```
def foreach[U](f: Elem => U): Unit = {
  val it = iterator
  while (it.hasNext) f(it.next())
}
```

Iterable 特质利用迭代器实现了一个基本版的 foreach 方法，但是大多数 Iterable 特质的子类都会根据自身特性覆写 foreach 方法，这样会使得针对不同场景有更加高效的 foreach 方法。值得注意的是，foreach 方法是 Traversable 特质所有操作的基础，所以 foreach 方法的性能对整体操作性能影响很大。

在 Iterable 特质中，有两个方法会返回迭代器，即 grouped 和 sliding 方法，当调用这两个方法时，会返回原集合的全部子序列的迭代器。grouped 方法按照原序列，以传入的窗口为大小，不相交地生成增量子序列分块，然后以迭代器的形式返回；而 sliding 方法以传入的窗口为大小，按照逐个滑动的方式，生成全部子序列并返回迭代器。下面我们举一个例子，读者会更加明了：

```
scala> val xs = List(1, 2, 3, 4, 5)
xs: List[Int] = List(1, 2, 3, 4, 5)
scala> val git = xs grouped 3
git: Iterator[List[Int]] = non-empty iterator
scala> git.next()
res3: List[Int] = List(1, 2, 3)
scala> git.next()
res4: List[Int] = List(4, 5)
scala> val sit = xs sliding 3
sit: Iterator[List[Int]] = non-empty iterator
scala> sit.next()
res5: List[Int] = List(1, 2, 3)
scala> sit.next()
res6: List[Int] = List(2, 3, 4)
scala> sit.next()
res7: List[Int] = List(3, 4, 5)
```

Iterable 特质除了以上两个生成迭代器的方法，还定义了像 takeRight 和 dropRight 等其他实用的方法，读者在用到时可自行到官网查阅，网址为 https://docs.scala-lang.org/zh-cn/overviews/collections/trait-iterable.html。

在整个 Scala 集合架构中，Iterable 特质下分别继承了 3 个特质：Seq（序列）、Set（集合）和 Map（映射），这也是其他所有具体的集合工具类的顶层 3 个特质，分别代表了拥有某一种特性的集合工具类，接下来我们分别介绍。

（1）Seq Trait 特质

Seq 用于表示序列，序列具体指的是同一类可迭代访问的元素，其中某个元素都带有一个从 0 开始计数的索引值。序列的操作我们不一一列出，读者可以在官网查阅 https://docs.scala-lang.org/zh-cn/overviews/collections/seqs.html。

序列（Seq）特质包含了两个主要的子特质，即 LinearSeq 和 IndexedSeq。这两个特质并没有在基特质的基础上增加新的方法，不过分别代表了两种不同的序列特性（本质上是链表和数组的区别，类似于 Java 中的 LinkedList 和 ArrayList）。其中线性序列特质拥有高效的头尾插入操作（head 和 tail），而索引序列拥有高效更新查找操作（apply、length 和 update）。

在具体的实现上，常用的索引序列有 scala.Array scala.collection.mutable.ArrayBuffer，

常用的线性序列有 scala.collection.immutable.Stream 和 scala.collection.immutable.List。另外对于不可变集合中的 Vector 类,在线性序列和索引序列之间做了一个折中,其同时具有恒定时间的线性访问开销和高效的恒定时间的索引开销。所以当我们要进行一种混合的访问模式,即对两种性能都有要求时,可以以 Vector 类为基础。

(2) Set Trait 特质

Set 集合是不包含重复元素的可迭代对象。下面的通用集合表和可变集合表中概括了集合类型适用的运算。因为集合也分为可变集合和不可变集合,对于可变集合会有自己的一些独特操作。

Set 特质在不变集合包和可变集合包中都提供了+和++操作符来添加元素,而使用-和--操作符来删除元素,值得注意的是,以上 4 种操作方式都是通过将原 Set 中的元素复制到新的地址来实现的(因为不可变,Set 是绝对不会改变原 Set 中的内容的)。然而对于可变 Set 来说完全没必要这么做,对于可变 Set 使用+=操作符添加元素、使用-=操作符来删除元素,会直接在原 Set 上进行修改,更加高效。

- s += elem:将元素 elem 添加到集合 s 中,并返回变化后的 Set,注意,还是原 Set;
- s -= elem:将元素 elem 从 s 中删除,并返回变化后的 Set。

除了利用+=和-=添加删除单个元素,Set 中还包含从可遍历对象集合或迭代器集合中添加和删除所有元素的批量操作符++=和--=。下面举一个简单的例子:

```
scala> var s = Set(1, 2, 3)
s: scala.collection.immutable.Set[Int] = Set(1, 2, 3)
scala> s += 4
scala> s -= 2
scala> s
res2: scala.collection.immutable.Set[Int] = Set(1, 3, 4)
scala> val s = collection.mutable.Set(1, 2, 3)
s: scala.collection.mutable.Set[Int] = Set(1, 2, 3)
scala> s += 4
res3: s.type = Set(1, 4, 2, 3)
scala> s -= 2
res4: s.type = Set(1, 4, 3)
```

虽然上面对于不可变 Set 和可变 Set 操作的情况类似,但过程是不同的,不可变 Set 会产生新的 Set,而可变 Set 会直接在原 Set 上修改。其他 Set 方法,读者可在使用时到官网查阅,地址为 https://docs.scala-lang.org/zh-cn/overviews/collections/sets.html。

(3) Map Trait 特质

Map(映射)也是非常常用的集合,在 Scala 中 Map 是一种可迭代的键值对结构(也称映射或关联)。在 Map 进行定义时,Scala 利用 Predef 隐式转换为我们提供了语法糖,可以使用 key -> value 的形式来代替(key, value)。例如,Map("x" -> 24, "y" -> 25, "z" -> 26)等同于 Map(("x", 24), ("y", 25), ("z", 26)),箭头的形式更加易于阅读。

Map 中的添加和删除操作与 Set 有些类似,也提供了操作符重载。对于 Map,可以使用操作符+、-和 updated 对 Map 进行修改,同样地,这些操作会将原 Map 复制到一个新的空间，然后修改后返回，保证原 Map 中的元素不会改变。

对于可变 Map，涉及复制，因此较少被使用，通常利用两种变形 m(key) = value 和 m += (key -> value)，直接对原 Map 中的元素进行修改。此外，可变 Map 还可以使用 m put (key, value)的形式添加元素，该方法调用时会返回一个 Option 值，包含了键对应的值，如果键不存在，则返回 None。我们举一个具体的例子：

```
scala> val wordFreq = Map("Spark" -> "10", "Streaming" -> "8")
wordFreq: scala.collection.immutable.Map[String,String] = Map()
scala> capital("Spark")
res1: String = 10
scala> capital += ("Action" -> "3")
scala> capital("Action")
res3: String = 3
```

这里我们举了一个不可变 Map 的例子（默认 Scala 引入的是不可变 Map），可变 Map 与此类似，不过背后的过程是不同的，这点与 Set 类似。其他 Map 方法读者在用到时可以去官网查阅，地址为 https://docs.scala-lang.org/zh-cn/overviews/collections/maps.html。

A.3.3 常用的不可变集合类

继承自上一节中的 5 个基本特质，Scala 提供了很多具体的不可变集合类，每个集合类实现了不同的特质（Trait），会有不同的特性（如是否无限 inifinite），也会有不同的性能速度。下面介绍几种具体的不可变集合类。

1. List（列表）

List 类继承自 LinearSeq 特质，所以其本身是一种线性序列结构，即本身是以数据结构中的链表来实现的，所以对于链表头/尾元素的访问非常高效，而且对于新元素插入头/尾的操作引发的新链表构建操作也非常高效（其不可变），然而其他很多操作会跟线性表的大小成线性增长关系。List 与 Java 的 LinkedList 有些类似，不过需注意，Scala 中的 List 是一个不可变集合，支持嵌套。

在创建列表时，可以利用常规的构造函数，也可以利用 Nil 和::这两个操作符，其中，Nil 表示一个空列表。下面举一个具体的例子：

```
// 字符串列表
val site: List[String] = List("Spark", "Streaming", "Action")
val site1 = "Spark" :: ("Streaming" :: ("Action" :: Nil))        //等效
println( "第一词是 : " + site.head )
println( "尾部序列是 : " + site.tail )
println( "查看列表 site 是否为空 : " + site.isEmpty )

// 输出结果
第一词是 : Spark
尾部序列是 : List(Streaming, Action)
查看列表 site 是否为空 : false
```

其中,head 返回列表首个元素,而 tail 返回列表除第一个元素之外的其他元素组成的列表,isEmpty 判断列表是否为空。

2. Stream(流)

在需要用到列表存储时,List 能够完成大部分任务,而 Stream(流)的特点是每个元素会经过一些运算,并且其是惰性(lazy)的,即我们真正需要时,它才会执行运算操作。为了便于理解,我们举一个例子。

我们需要找到 50 个随机数中能被 3 整除的前两个数字,如果使用 List,可以通过如下代码实现:

```
def randomList = (1 to 50).map(_ => Random.nextInt(100)).toList
def isDivisibleBy3(n: Int) = {
  val isDivisible = n % 3 == 0
  println(s"$n $isDivisible")
  isDivisible
}
randomList.filter(isDivisibleBy3).take(2)
```

以上代码没有任何问题,通过 List 完美地实现了功能。我们只需要前两个能被整除的数即可,因此代码中将 50 个随机数都进行了一次 isDivisibleBy3 操作,然后取前两个数字,那么能否取到前两个被 3 整除的数就停止遍历呢?我们可以利用 foreach 的方法,当取到前两个数后就 return 或者 break,但是 Scala 提供了更好的方法就是 stream,示例如下:

```
randomList.toStream.filter(isDivisibleBy3).take(2).toList
```

似乎这个调用跟上面示例中的调用没什么区别,但是需注意,我们将 randomList 先转成了 Stream 流的形式,再进行 filter,而 Stream 是惰性的,所以其在满足条件后就不会继续运算,这样就非常完美地解决了问题。

通常,Stream 用#::操作符进行构造,区别于 List 使用::操作符构造,示例如下:

```
scala> val str = 1 #:: 2 #:: 3 #:: Stream.empty
str: scala.collection.immutable.Stream[Int] = Stream(1, ?)
```

这里我们也能发现 Stream 的惰性计算的特点,toString 时尾部的 2 和 3 并没有打印出来。

3. Vector(向量)

在前面讲解 LinearSeq 和 IndexedSeq 的区别时,我们提到一种结合两者优点的结构,即 Scala 中的 Vector。对于实现了 LinearSeq 特质的 List 类,背后以链表实现,其对于头节点的修改和删除操作会非常高效,以固定常数时间完成,然后对于头节点之后的节点进行操作,复杂度则跟 List 的长度成线性正相关。

而 Vector 的引入,为我们解决了 List 不能高效随机访问的问题。Vector 能够做到在固定时间内访问列表中的任意元素,不过这个访问时间还是会比直接访问头元素的时间长,但是复杂度不会随着列表的增加而线性增长(对于超大列表,这个复杂度是很"恐怖"

的)。这使得我们能够高效,快速地修改、增加和删除 Vector 结构中的任意元素。

Vector 类型的构建和修改与其他的序列结构基本一样,如下面的例子:

```
scala> val vec = scala.collection.immutable.Vector.empty
vec: scala.collection.immutable.Vector[Nothing] = Vector()
scala> val vec2 = vec :+ 1 :+ 2
vec2: scala.collection.immutable.Vector[Int] = Vector(1, 2)
scala> val vec3 = 100 +: vec2
vec3: scala.collection.immutable.Vector[Int] = Vector(100, 1, 2)
scala> vec3(0)
res1: Int = 100
```

Vector 的本质是一组嵌套数组,这些数组通过一棵分支因子为 32 的树连接,分支因子 32 表示每个父节点允许拥有的最大子节点数量,这棵树在每个节点会包含 32 个 Vector 元素或者 32 个其他树节点(引用)。

从根节点出发,经过 1 跳可以存 1024 个元素(32×32),如果经过 5 跳,可以存到 2^{30} 个元素,已经满足大部分 Vector 容量需求。所以我们认为 Vector 在搜索和修改元素时为一个常数时间,其结构如图 A.7 所示。

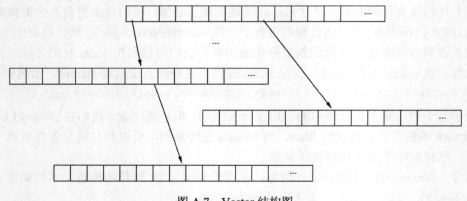

图 A.7 Vector 结构图

4. Range(等差数列)

Scala 中的 Range 类代表了一个从 a 到 b 的等差数列,a 和 b 需要在声明时指定,另外还可以设定等差数列的步长。通常使用 a to b [by step]或者 a until b [by step]的形式来声明一个等差数列,to 会包含 b,而 until 不包含 b,如果不添加 by 谓语,默认按照 1 为步长,如下例:

```
scala> 1 to 3
res2: scala.collection.immutable.Range.Inclusive = Range(1, 2, 3)
scala> 5 to 14 by 3
res3: scala.collection.immutable.Range = Range(5, 8, 11, 14)
scala> 1 until 3
res2: scala.collection.immutable.Range = Range(1, 2)
```

值得注意的是，Range 类在声明后并不会真正把等差数列整个生成存储起来，其只会存上限、下限和步长 3 个值，所以空间复杂度是一定的，对其多数操作速度会非常快。

5. ListMap（列表映射）

大多数情况我们会直接使用 Map 来声明键值对映射，而在不可变集合中还包含一个 ListMap，该类有点像 Java 中的 LinkedHashMap，会保留插入键的顺序，不过这也导致了 ListMap 访问效率并不高，所以其更多地应用在需要保留元素插入顺序，并且序列中靠前的元素访问频率更多的场景。一个简单的例子如下：

```
scala> val map = scala.collection.immutable.ListMap(1->"one", 2->"two")
map: scala.collection.immutable.ListMap[Int,java.lang.String] =
  Map(1 -> one, 2 -> two)
scala> map(2)
res30: String = "two"
```

除以上类外，不可变集合类中还包含不可变栈（Immutable Stack）、不可变队列（Immutable Queue）、红黑树（Red-Black Tree）和 HashTrie 等，读者可以在使用时查阅相关资料。

A.3.4 常用的可变集合类

在 Scala 开发中，默认会选择不可变集合类，使用 Map、Set 和 Seq 时要根据自身需求引入 mutable 包，本节将介绍几个具体的可变集合类。

1. ArrayBuffer（数组缓冲）

ArrayBuffer 在实现时实质是一个数组，所以我们在操作 ArrayBuffer 时，其性能、速度都与数组一致，如 ArrayBuffer 的按照索引访问。

另外，ArrayBuffer 可以在尾部高效地插入数据，通常只需要常数的时间复杂度。所以 ArrayBuffer 是一个高效的大容量数据结构，可以方便地进行尾部追加操作。在追加操作结束后，我们可以使用 toArray 将其转变为一个数组。举一些简单的操作示例如下：

```
scala> val buf = scala.collection.mutable.ArrayBuffer.empty[Int]
buf: scala.collection.mutable.ArrayBuffer[Int] = ArrayBuffer()
scala> buf += 1
res32: buf.type = ArrayBuffer(1)
scala> buf += 10
res33: buf.type = ArrayBuffer(1, 10)
scala> buf.toArray
res34: Array[Int] = Array(1, 10)
```

2. ListBuffer（列表缓冲）

从名字中可以很清楚的看出 ListBuffer 和 ArrayBuffer 的区别。ListBuffer 是以链表实现的，所以其特性也跟链表一致。在追加操作结束后，我们同样可以使用 toList 将其转变为列表。下面举一些简单的操作示例如下：

```
scala> val buf = scala.collection.mutable.ListBuffer.empty[Int]
buf: scala.collection.mutable.ListBuffer[Int] = ListBuffer()
scala> buf += 1
res35: buf.type = ListBuffer(1)
scala> buf += 10
res36: buf.type = ListBuffer(1, 10)
scala> buf.toList
res37: List[Int] = List(1, 10)
```

3．StringBuilder（字符串构造器）

在 Java 中，字符串 String 是在一个单独的内存空间中存储的，假设我们修改字符串，并不会直接修改源字符串，而是返回一个修改后的新字符串，如果需要进行大量字符串修改操作，就会造成空间和性能上的影响，所以一般在 Java 中会使用 StringBuilder。Scala 也一样，而且已将 StringBuilder 类导入到默认的命名空间，直接调用 StringBuilder 来构造字符串，构造结束后使用 toString 转换为字符串 String。举一些简单的操作示例如下：

```
scala> val buf = new StringBuilder
buf: StringBuilder =
scala> buf += 'a'
res38: buf.type = a
scala> buf ++= "bcdef"
res39: buf.type = abcdef
scala> buf.toString
res41: String = abcdef
```

4．HashMap（哈希表）

哈希表是非常经典的数据结构，在前面的章节中也多次提到过。Scala 中哈希表本身使用一个底层数组进行存储，每个元素通过哈希函数映射成对应的 HashCode（整型），然后以 HashCode 对应的数组位置存储该元素，如果冲突就会进行相应处理，如开放地址和加链表等方法。对于存入哈希表中的元素，只要有一个高效的哈希函数，其存取性能会非常高效。

在 Java 中，HashSet 和 HashMap 使用的都是 HashMap，Scala 与 Java 一致。我们举一些简单的可变 HashMap 操作示例如下：

```
scala> val map = scala.collection.mutable.HashMap.empty[Int,String]
map: scala.collection.mutable.HashMap[Int,String] = Map()
scala> map += (1 -> "spark streaming action")
res42: map.type = Map(1 -> make a web site)
scala> map += (3 -> "good!")
res43: map.type = Map(1 -> make a web site, 3 -> profit!)
scala> map(1)
res44: String = spark streaming action
scala> map contains 2
res46: Boolean = false
```

注意，与 ListMap 不同，HashMap 并不会保留元素的插入顺序，在迭代遍历时，元素会按照其对应的 HashCode 顺序出现，如果需要保留这个顺序，可以使用 LinkedHashMap，其本质是多加了一个链表，将元素按照添加顺序排列，这点与 Java 完全一致。

除了以上可变集合类，Scala 中还包含诸如链表、双向链表、可变链表、队列、Weak HashMap 和 ConcurrentHashMap 等非常有用的数据结构。

其中，WeakHashMap 是以弱引用的形式存储元素，对于非常大的映射表，在内存不够用时，可以及时回收一部分内存，这对不需要精确保留所有元素的场景非常有用；而 ConcurrentHashMap 确保哈希表在多线程操作下是线程安全的。读者在具体场景应用时可以参考使用。

A.3.5 字符串

前面讲解 StringBuilder 时提到了字符串，Scala 中的字符串类型实际上就是 Java 内部的 String 类（java.lang.String），其本身并没有再去实现自己的 String 类，因为 Scala 最终也会编译为字节码在 JVM 上运行，所以并不存在任何问题。

值得注意的是，String 是一个不可变的对象，一旦创建该对象就不可被修改，所以每次对字符串的修改会产生一个新的字符串对象，这也就是使用 StringBuilder 的原因。由于 Scala 中的字符串就是 Java 中的 String 类，对于熟悉 Java 的读者应该不会陌生了。下面我们举一个例子，对常用的操作进行说明：

```
object Test {
   val greeting: String = "Hello, Scala!"      //创建 String

   def main(args: Array[String]) {
println( greeting )                             //打印 String
println( "greeting string Length is : " + greeting.length() )
                                                //获取字符串长度

     val buf = new StringBuilder;                // StringBuilder 来改变字符串
     buf += 'a'
     buf ++= "bcdef"
println("buf is : " + buf.toString )

     var str1 = "Spark Streaming Action 代码地址"
     var str2 = " https://github.com/xlturing/spark-streaming-action"
     var str3 = "欢迎大家交流沟通"
     var str4 = "litaoxiao@gmail.com"
     println( str1 + str2 )                     //字符串拼接
println(str3.concat(str4))

var floatVar = 12.456
     var intVar = 2000
     var stringVar = "Spark Streaming Action"
     var fs = printf("浮点型变量为 " +
```

```
                    "%f, 整型变量为 %d, 字符串为 " +
                    " %s", floatVar, intVar, stringVar)            //格式化输出
    println(fs)
  }
}
```

本例中演示了常见的字符串操作,包括创建、修改、拼接、格式化输出。需注意,字符串创建后是不可修改的,所以我们可以用 StringBuilder 来构建新的字符串。String 类还有很多操作,由于 Scala 中与 Java 类似,这里不再赘述。

A.3.6 数组

前面我们提到了 ArrayBuffer,即追加数组的方式,数组是所有编程语言中必备也是极其重要的一种数据结构,在 Scala 中,数组的多数使用习惯是与其他语言类似的,不过也有一些独特的用法。

首先简单介绍一下数组。数组不像变量,数组可以理解为声明一批同种类型的变量,之后通过索引的方式来访问它们,如图 A.8 所示。

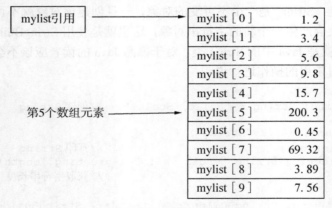

图 A.8 数组原理图

当声明一个数组时,数组的名字便是整个数组空间的起始地址,当用索引去访问数组中某个元素时,编译器会根据起始地址+索引的方式,计算出索引元素的实际地址,如图 A.8 中的第 5 个索引位置的元素,从而快速获取该元素的值。在 Scala 中,数组的一些基本使用方式如下:

```
import Array._

object Test {
  def main(args: Array[String]) {
    /* 数组声明 */
    var myList = Array(1.9, 2.9, 3.4, 3.5)
    // 输出所有数组元素
    for (x <- myList ) {
```

```scala
        println( x )
      }
      // 计算数组所有元素的总和
      var total = 0.0;
      for (i <- 0 to (myList.length - 1)) {
         total += myList(i);
      }
      println("总和为 " + total);
      // 查找数组中的最大元素
      var max = myList(0);
      for (i <- 1 to (myList.length - 1) ) {
         if (myList(i) > max) max = myList(i);
      }
      println("最大值为 " + max);

  /* 多维数组 */
      var myMatrix = ofDim[Int](3,3)
      // 创建矩阵
      for (i <- 0 to 2) {
        for (j <- 0 to 2) {
           myMatrix(i)(j) = j;
        }
      }
      // 打印二维阵列
      for (i <- 0 to 2) {
        for ( j <- 0 to 2) {
           print(" " + myMatrix(i)(j));
        }
        println();
      }

  /* 合并数组 */
      var myList1 = Array(1.9, 2.9, 3.4, 3.5)
      var myList2 = Array(8.9, 7.9, 0.4, 1.5)
      var myList3 = concat( myList1, myList2)
      // 输出所有数组元素
      for ( x <- myList3 ) {
         println( x )
      }

  /* 区间数组 */
      var myList1 = range(10, 20, 2)  // 10~20 步长 2
      var myList2 = range(10,20)      // 10~20 默认步长 1
      // 输出所有数组元素
      for ( x <- myList1 ) {
        print( " " + x )
      }
      println()
      for ( x <- myList2 ) {
        print( " " + x )
      }
   }
}
```

上面这个例子中列出了数组的一些基本操作,包括声明、遍历、多维数组、合并,以及如何创建一个区间数组。值得注意的是,Scala 中数组在索引元素的时候使用的是括号,即 myList(0),而通常 Java 等语言中是 myList[0]。另外,遍历数组时,使用的是反向箭头运算,类似 Java 中的 foreach 语句。

在 Scala 的 Array 库中,还提供了很多有用的库函数,比如数组填充方法 fill,创建二维和三维数组的方法 ofDim 等,这里我们不再介绍,读者在使用时可查阅相关的 API 文档。

A.3.7 迭代器(Iterators)

在核心特质中讲到了 Iterable 特质(Trait),本节对迭代器再进行一些具体的介绍。迭代器不是一个存放元素的集合,本质是逐一访问容器内元素的方法(从抽象的角度看有些像一个指针,逐一指向集合内的每一个位置),其通常包含两个核心方法,即 next()和 hasNext()。当调用 next()方法时会返回迭代器的下一个元素,并且更新迭代器的状态;而 hasNext()方法用来查看迭代器是否还有下一个元素需要遍历。

如果 next 调用后没有元素可以返回,会抛出一个 NoSuchElementException 异常,通常迭代器配合 while 循环来达到遍历集合中所有元素的目的。示例如下(it 表示某个具体的迭代器):

```
while (it.hasNext)
  println(it.next())
```

上面的代码形式类似 Java 的传统遍历方式,而 Scala 中可以以谓语的语法糖形式来书写迭代器的遍历操作,Scala 也在 Traverable、Iterable 和 Seq 等具体的类中提供了许多有用的方法。例如 foreach 方法,可以在迭代器的每个元素上执行指定的运算,比如上面的 while 代码可以写成以下非常简洁的形式:

```
it foreach println
```

同样,我们可以使用 Scala 的 for 表达式来作为 foreach、map、withFilter 和 flatMap 表达式的替代语法,所以上面这段代码也可以写成以下形式:

```
for (elem <- it) println(elem)
```

使用 foreach 方法与 next 方法的主要区别是,当遍历到最后一个元素时,调用 foreach 方法会将迭代器保留在最后一个元素的位置,不像 next 方法会抛出 NoSuchElement Exception 异常。另外需注意,在使用 foreach 方法时,最好不要删减集合内的元素,容易引起错误。

迭代器的其他操作与 Traversable 具有相同的特性。例如,迭代器提供了 map 方法,该方法会返回一个新的迭代器:

```
scala> val it = Iterator("a", "number", "of", "words")
it: Iterator[java.lang.String] = non-empty iterator
scala> it.map(_.length)
res1: Iterator[Int] = non-empty iterator
scala> res1 foreach println
1
6
2
5
scala> it.next()
java.util.NoSuchElementException: next on empty iterator
```

可以看到，在调用了 it.map() 方法后，迭代器 it 移动到了最后一个元素的位置。

A.4 其他常用特性

前面几节中基本已经将 Scala 的基础语法都涵盖了，本节我们介绍一下其他比较常用的特性。

A.4.1 模式匹配

对于有一定编程基础的读者，应该了解 switch…case 运算语句，当我们使用 switch…case 时，会根据 switch 内的变量，匹配对应的多个 case 中的一个，执行对应的语句。而 Scala 将这个功能更加丰富了，提供了强大的模式匹配机制，如果应用得好会非常方便。

Scala 使用 match 函数来构建模式匹配模块，一个模式匹配模块包含了一系列 case 备选项，每个备选项都开始于关键字 case，在每个备选项中可以使用多个表达式，以箭头符号 => 隔开模式和表达式。下面我们举一个具体的例子，代码如下：

```
object Test {
  def main(args: Array[String]) {
    println(matchTest(3))

  }
  def matchTest(x: Int): String = x match {
    case 1 => "spark"
    case "streaming" => 2
    case y: Int => "scala"
    case _ => "action"
  }
}
```

不同于经典的 switch…case 语句，Scala 可以用多种类型进行模式匹配，match 表达式通过以代码编写的先后次序尝试每个模式来完成计算，只要发现有一个匹配的 case，剩下的 case 不会继续匹配。

如果将模式匹配结合样例类一起使用，也会有很棒的效果，如下例所示：

```
object Test {
  def main(args: Array[String]) {
      val alice = new Person("Litao", 27)
      val bob = new Person("Fuxing", 26)
      val charlie = new Person("Yujiao", 32)

   for (person <- List(alice, bob, charlie)) {
      person match {
         case Person("Litao", 27) => println("Hi Litao!")
         case Person("Yujiao", 32) => println("Love Yujiao!")
         case Person(name, age) =>
            println("Age: " + age + " year, name: " + name + "?")
      }
    }
  }
  // 样例类
  case class Person(name: String, age: Int)
}
```

A.4.2 异常处理

在几乎所有高级编程语言中，都有异常处理机制，Scala 的异常处理类似于 Java，我们可以通过 throw 抛出异常，通过 catch 捕获异常，最终利用 finally 做一些收尾操作，具体示例如下：

```
import java.io.FileReader
import java.io.FileNotFoundException
import java.io.IOException

object Test {
  def main(args: Array[String]) {
    try {
       val f = new FileReader("input.txt")
    } catch {
      case ex: FileNotFoundException => {
         println("Missing file exception")
      }
      case ex: IOException => {
         println("IO Exception")
      }
    } finally {
       println("Exiting finally...")
    }
  }
}
```

A.4.3 文件 I/O

Scala 在读写文件时,利用 Java 的 java.io.File 进行写操作,利用 Source 伴生对象进行读操作,完整示例如下:

```
import java.io._
import scala.io.Source

object Test {
  def main(args: Array[String]) {
    val writer = new PrintWriter(new File("action.txt" ))

    writer.write("Spark Streaming 实战")
writer.close()
println("书籍名称:" )

    Source.fromFile("action.txt" ).foreach{
       print
    }
  }
}
```

推荐阅读

推荐阅读

推荐阅读